Hallo, liebe(r) ______________________!

(dein Name)

Du bist in der 4. Klasse und möchtest nach der Grundschule gerne die Realschule besuchen? Müssen dafür deine Noten in Mathematik noch besser werden?

Dann hast du das richtige Buch in der Hand! Dieses Übungsbuch unterstützt dich auf deinem Weg in die Realschule und hilft dir, deine Noten zu verbessern. Es ist in vier Kapitel unterteilt: Arithmetik, Rechnen mit Größen, Textaufgaben und Geometrie.

Suche dir einfach ein Thema aus und trainiere ganz gezielt, was dir noch Probleme bereitet. Wenn du ein Thema bearbeitet hast, kannst du im Inhaltsverzeichnis abhaken, ob du fit für die Realschule bist oder ob du den Stoff nochmals wiederholen möchtest.

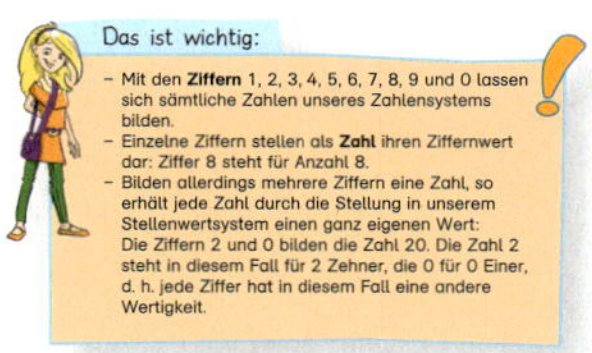
Das ist wichtig:
- Mit den **Ziffern** 1, 2, 3, 4, 5, 6, 7, 8, 9 und 0 lassen sich sämtliche Zahlen unseres Zahlensystems bilden.
- Einzelne Ziffern stellen als **Zahl** ihren Ziffernwert dar: Ziffer 8 steht für Anzahl 8.
- Bilden allerdings mehrere Ziffern eine Zahl, so erhält jede Zahl durch die Stellung in unserem Stellenwertsystem einen ganz eigenen Wert: Die Ziffern 2 und 0 bilden die Zahl 20. Die Zahl 2 steht in diesem Fall für 2 Zehner, die 0 für 0 Einer, d. h. jede Ziffer hat in diesem Fall eine andere Wertigkeit.

In jeder Lerneinheit wirst du Schritt für Schritt an das Thema herangeführt. **Regeln** in den orangefarbenen Kästen erklären dir, was wichtig ist. Du kannst auch gleich mit den Aufgaben beginnen und die Regel erst lesen, wenn du unsicher bist.

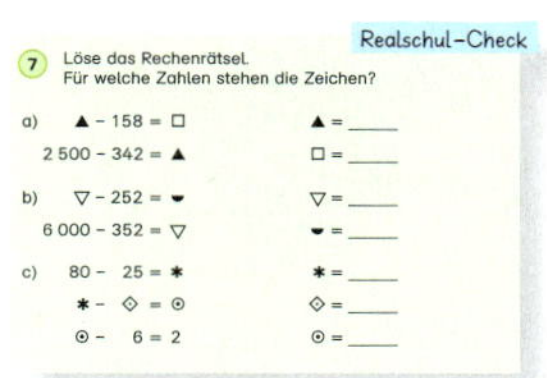
Realschul-Check

7 Löse das Rechenrätsel.
Für welche Zahlen stehen die Zeichen?

a) ▲ − 158 = □ ▲ = ____
2 500 − 342 = ▲ □ = ____

b) ▽ − 252 = ● ▽ = ____
6 000 − 352 = ▽ ● = ____

c) 80 − 25 = ✱ ✱ = ____
✱ − ◇ = ⊙ ◇ = ____
⊙ − 6 = 2 ⊙ = ____

Zu vielen Themen findest du am Ende einer Doppelseite den **Realschul-Check**. Diese Aufgaben zeigen dir, wie fit du schon bist. Klappen diese Aufgaben, sollte deinem Weg in die Realschule nichts im Wege stehen.

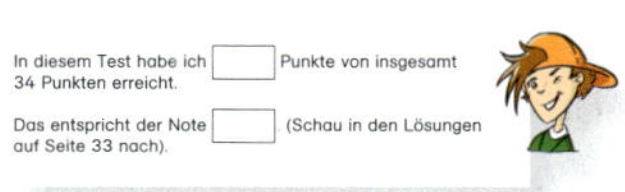
In diesem Test habe ich ☐ Punkte von insgesamt 34 Punkten erreicht.

Das entspricht der Note ☐ (Schau in den Lösungen auf Seite 33 nach).

Vier Tests zeigen dir, wie du stehst. Damit du weißt, wie gut du wirklich bist, kannst du dir für jeden Test eine Note geben. Die Lösungen und die Benotung findest du im **Lösungsheft**. So siehst du, ob du die Note hast, die du für die Realschule brauchst.

Inhalt

	Ich bin fit für die Realschule.	Das will ich noch wiederholen.

Das ist wichtig:

- Mithilfe einer **Stellenwerttafel** können wir Zahlen übersichtlich darstellen.
  Wir rechnen im Zehnersystem.
- Das bedeutet: immer 10 ergeben ein Neues. Wir bündeln also in Zehnerbündeln. 9 Einer sind 9 Einer, aber 10 Einer werden in 1 Zehner umgetauscht. Ebenso werden 10 Hunderter in 1 Tausender umgetauscht. Übersichtlich dargestellt wird es in der Stellenwerttafel.

M	HT	ZT	T	H	Z	E	
1	3	4	4	4	0	0	= **1** M + **3** HT + **4** ZT + **4** T + **4** H + **0** Z + **0** E = **1 344 400**
		5	2	8	7	1	= **5** ZT + **2** T + **8** H + **7** Z + **1** E = **52 871**

1 Trage die Zahlen richtig in die Stellenwerttafel ein.

	M	HT	ZT	T	H	Z	E
a) 1 HT + ~~8 E~~ + ~~1 Z~~ + 3 T + 8 ZT + 4 H						1	8
b) 5 E + 3 Z + 8 T + 1 HT + 7 H + 9 ZT							

2 Trage die Zahlen richtig in die Stellenwerttafel ein.
Schreibe anschließend die Zahl auf.

	M	HT	ZT	T	H	Z	E	
a) 4 E + 8 T + 3 ZT								= ______
b) 9 T + 3 M								= ______
c) 7 Z + 3 E + 5 H + 9 ZT								= ______

3 Schreibe die Zahlen auf.

a) 6 Z + 8 E + 7 H = ______

b) 5 H + 7 E + 3 Z = ______

c) 5 T + 8 E + 2 ZT = ______

d) 6 Z + 3 M + 7 T = ______

4 Trage die Zahlen richtig in die Stellenwerttafel ein.

eine Million vierhundertsieben

siebenundachtzigtausendneunhunderteins

neunhundertzweiundzwanzigtausendfünfhundert

zweihundertsiebzehntausendvierundzwanzig

M	HT	ZT	T	H	Z	E

Realschul-Check

5 Sortiere nach der Größe. Beginne mit der kleinsten Zahl.

2 T + 4 H

2 HT + 2 E

2 Z + 2 E

2 HT + 2 ZT

_______ < _______ < _______ < _______

6 Finde den gleichen Zahlenwert. Verbinde.

930 570	1 M + 9 T + 1 H
93 570	vierhunderttausendeinhundertfünfzig
1 000 910	4 ZT + 1 Z + 5 E
40 015	neunhundertdreißigtausendfünfhundertsiebzig
400 150	9 ZT + 3 T + 5 H + 7 Z
1 009 100	eine Million neunhundertzehn

Das ist wichtig:

- Mithilfe eines **Zahlenstrahles** lassen sich Zahlen sehr schnell ordnen und vergleichen.
- Ein Zahlenstrahl weist normalerweise von links nach rechts.
- Die größeren Zahlen stehen also meist rechts.
- Zwischen den Zahlen ist der Zahlenstrahl in gleich große Einheiten (Zwischenräume) unterteilt.

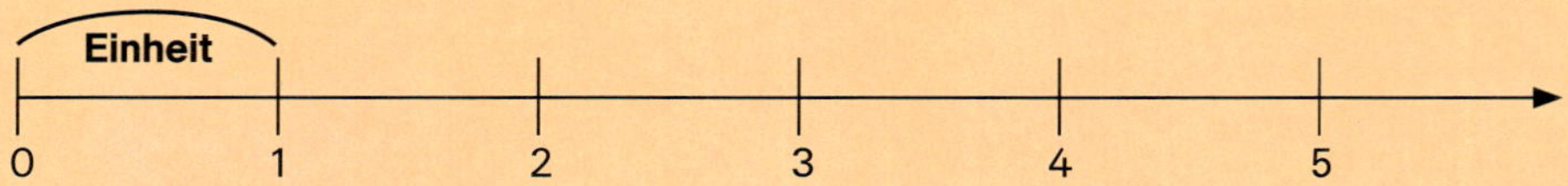

1 Zeichne einen Zahlenstrahl für die Zahlen von 0 bis 10 000. Wähle eine geeignete Einheit.

2 Zeichne einen Zahlenstrahl für die Zahlen von 0 bis 100 000. Wähle eine geeignete Einheit.

3 Zeichne einen Zahlenstrahl für die Zahlen von 0 bis 1 000 000. Wähle eine geeignete Einheit.

4 Zwei Fehler haben sich hier eingeschlichen. Welche?

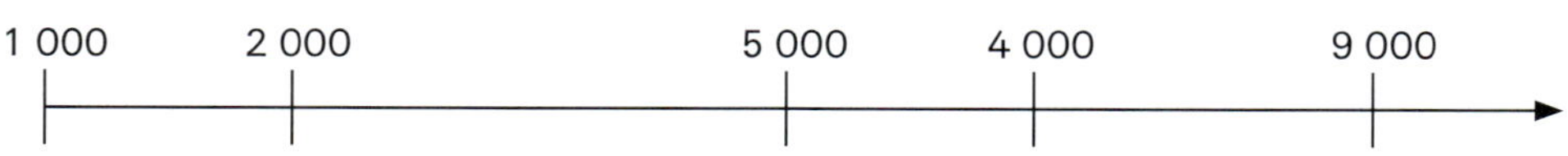

Fehler 1: ______________________________

Fehler 2: ______________________________

5 Trage die fehlenden Zahlen in den Zahlenstrahl ein.

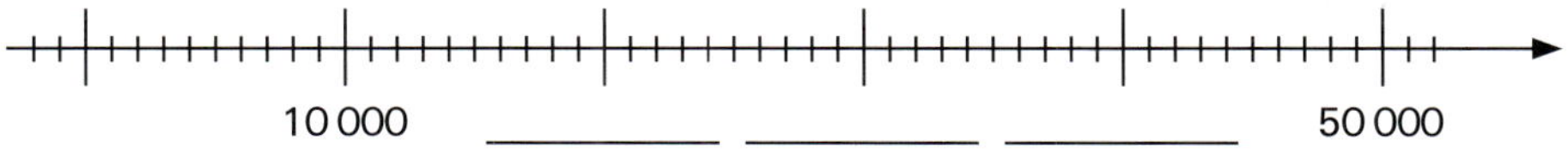

6 Vervollständige den Zahlenstrahl. Verbinde die Zahlkarte mit der passenden Stelle am Zahlenstrahl.

120 000	280 000	310 000	460 000

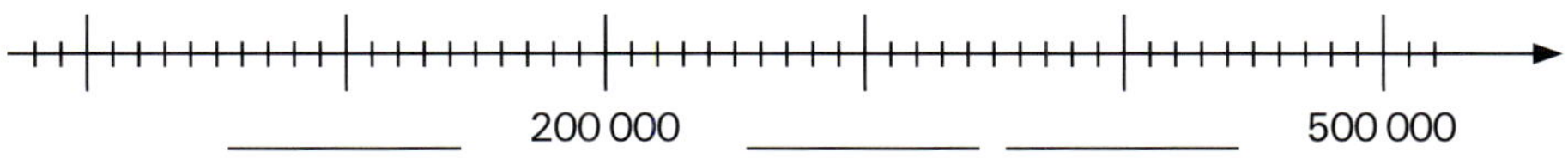

Realschul-Check

7 Schreibe die Zahlen auf, bei denen die Buchstaben stehen.

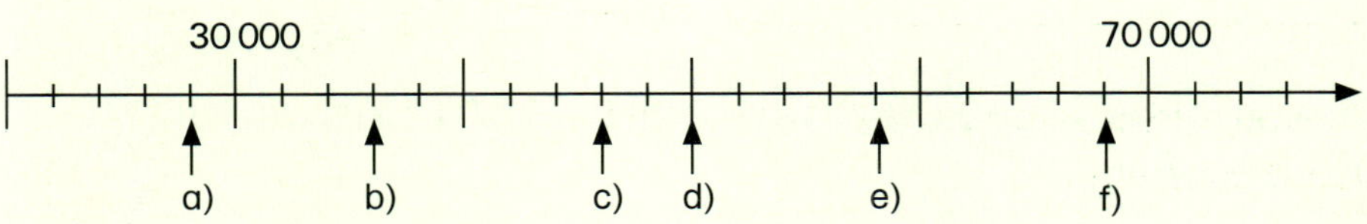

8 Schreibe die Zahlen auf, bei denen die Buchstaben stehen.

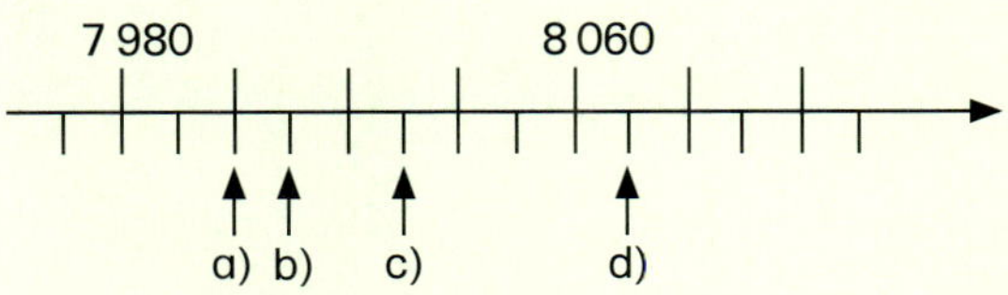

Das ist wichtig:

- Der Zahlenstrahl ist eine große Hilfe bei der Darstellung großer Zahlen. Besonders leicht kann man mit dem Zahlenstrahl die **Vorgänger** und **Nachfolger** von Zahlen festlegen.
- Das gilt auch für **Nachbarzehner, Nachbarhunderter, Nachbartausender ...**
- Vorgänger ist immer die Zahl, die direkt vor der genannten Zahl steht. Nachfolger ist immer die Zahl, die direkt nach der genannten Zahl kommt.
- Nachbarhunderter können nur Hunderterzahlen sein: 100, 200, 300 ...
- Nachbartausender können nur Tausenderzahlen sein: 1 000, 2 000, 3 000 ...
- Vorgänger und Nachfolger der Zahl 10 000 sind 9 999 und 10 001. Nachbarhunderter der Zahl 10 000 sind 9 900 und 10 100. Nachbartausender der Zahl 10 000 sind 9 000 und 11 000.

1 Trage die fehlenden Zahlen ein!

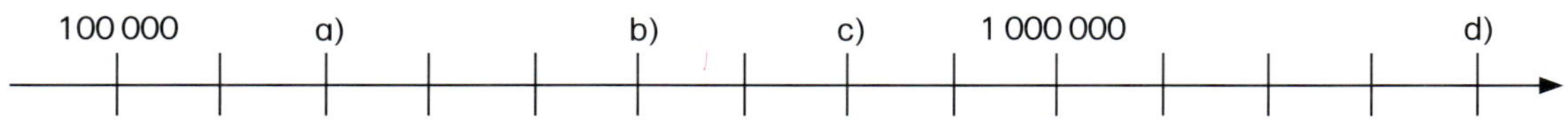

a) 300 000 b) ______ c) ______ d) ______

2 Notiere zu den Zahlen a) bis d) den Vorgänger und den Nachfolger.

	Vorgänger	gesuchte Zahl	Nachfolger
a)		300 000	
b)			
c)			
d)			

3 Fülle die Tabelle vollständig aus.

Vorgänger	Zahl	Nachfolger
	320 000	
489 000		
	789 000	
		830 343
	100 000	

4 Notiere alle Nachbarhunderter und Nachbartausender der folgenden Zahlen.

Egal, ob Nachbarhunderter oder Nachbartausender, alle diese Zahlen haben an den letzten Stellen Nullen.

a)

Nachbar-hunderter	Zahl	Nachbar-hunderter
	301	
	981	
	300	

b)

Nachbar-tausender	Zahl	Nachbar-tausender
	3 567	
	8 973	
	2 000	

5 Setze die richtigen Zahlen ein.

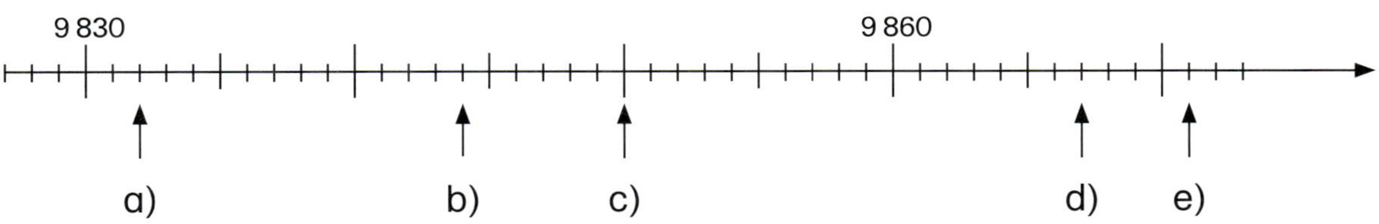

a) ____________ b) ____________ c) ____________ d) ____________ e) ____________

Realschul-Check

6 Bestimme von jeder am Zahlenstrahl gesuchten Zahl aus Aufgabe 5 den entsprechenden Nachbarn.

	Nachbar-tausender	Nachbar-zehner	Vor-gänger	Zahl	Nach-folger	Nachbar-zehner	Nachbar-tausender
a)							
b)							
c)							
d)							
e)							

Zahlbildung mit Ziffernkarten

Das ist wichtig:

- Mit den **Ziffern** 1, 2, 3, 4, 5, 6, 7, 8, 9 und 0 lassen sich sämtliche Zahlen unseres Zahlensystems bilden.
- Einzelne Ziffern stellen als **Zahl** ihren Ziffernwert dar: Ziffer 8 steht für Anzahl 8.
- Bilden allerdings mehrere Ziffern eine Zahl, so erhält jede Zahl durch die Stellung in unserem Stellenwertsystem einen ganz eigenen Wert: Die Ziffern 2 und 0 bilden die Zahl 20. Die Zahl 2 steht in diesem Fall für 2 Zehner, die 0 für 0 Einer, d. h. jede Ziffer hat in diesem Fall eine andere Wertigkeit.

1 Wie viele unterschiedliche Ziffern haben folgende Zahlen?

a) 205 Anzahl der Ziffern: ______________

b) 4 580 Anzahl der Ziffern: ______________

c) 579 412 Anzahl der Ziffern: ______________

d) 200 000 Anzahl der Ziffern: ______________

2 Schreibe die Zahl in Ziffern.

a) dreiundzwanzigtausendvierhundertzwei ______________

b) fünfhundertachtzigtausendachthundertsiebzehn ______________

c) sechshundertfünfundzwanzigtausendvierhundertacht ______________

d) vierundzwanzigtausendneunhunderteins ______________

3 Schreibe in Worten auf die Linien.

a) 678 900 ____

b) 424 242 ____

c) 787 878 ____

d) 552 255 ____

4 Bilde mit den Ziffern 3, 5 und 8 alle möglichen dreistelligen Zahlen. Beginne mit der kleinsten Zahl, und arbeite bis zur größten Zahl weiter.

358 ________ ________ ________ ________ ________

Realschul-Check

5 Notiere alle Zahlen zwischen 5 000 und 7 000 mit der Quersumme 7. Ordne sie der Größe nach.

________ < ________ < ________ < ________

________ < ________ < ________ < ________

________ < ________

6 Svenja behauptet, dass sie die Zahl dreiundzwanzig Millionen dreihundertzwanzigtausendzweihundertzweiunddreißig aus drei Ziffern bilden kann. Lügt Svenja? Begründe!

Antwort: ____

____

7 Ich denke mir eine Zahl. Sie liegt zwischen 600 000 und 700 000. Keine der Ziffern ist größer als 6 und kleiner als 6. Wie heißt meine gedachte Zahl?

Antwort: Die gedachte Zahl heißt ________.

Das ist wichtig:

Beim **Runden** unterstreichst du immer die Zahl, auf die gerundet werden soll. Soll zum Beispiel auf Tausender gerundet werden, so unterstreiche die Zahl an der Tausender-Stelle. Dann betrachtest du die Zahl, die rechts von der unterstrichenen Zahl steht. Handelt es sich bei der Zahl rechts daneben um eine 5, 6, 7, 8, 9 wird **aufgerundet**, bei einer 4, 3, 2, 1, 0 wird **abgerundet**. Das Zeichen für Runden sind zwei Wellenlinien: ≈

z. B.: Runde die Zahl **4 527** auf Hunderter!

4 <u>5</u>**27** rechts neben der Hunderterstelle steht eine 2 ⟶ abrunden!

4 <u>5</u>27 ≈ 4 500

Runde die Zahl **4 567** auf Hunderter!

4 <u>5</u>**67** rechts neben der Hunderterstelle steht eine 6 ⟶ aufrunden!

4 <u>5</u>67 ≈ 4 600

1 Runde jede Zahl auf volle Tausender.

<u>3</u> 426 ≈ 3 000

<u>4</u> 839 ≈ ____________

<u>2</u> 917 ≈ ____________

2 Runde auf volle Zehntausender.

12 899 ≈ ____________

89 876 ≈ ____________

10 999 ≈ ____________

3 Runde auf volle Hunderttausender.

799 987 ≈ ____________

99 767 ≈ ____________

600 000 ≈ ____________

4 Runde auf volle Millionen.

a) 3 444 444 ≈ ______________

b) 923 876 ≈ ______________

c) 999 999 ≈ ______________

d) 1 900 010 ≈ ______________

5 Stephan kauft sich für ungefähr 600 Euro ein neues Fahrrad. Wie viel Euro hat das Fahrrad wahrscheinlich genau gekostet? Kreuze an! Begründe deine Lösung!

☐ 549 € ☐ 689 € ☐ 655 € ☐ 629 € ☐ 499 €

Antwort: ____

____

6 Runden ist nicht immer sinnvoll. Entscheide, wann es sinnvoll ist zu runden und wann nicht.

☺ = Sinnvoll! ☹ = Quatsch!

a) Bei der Herstellung von Medikamenten ☺ ☹

b) Ich runde, um mir Telefonnummern besser merken zu können. ☺ ☹

c) Meine Eltern wollen runden, wenn ich 5,40 € Taschengeld bekomme. ☺ ☹

d) Beim Kauf der Anzahl von Fahrkarten. ☺ ☹

e) Beim Einkauf von Tapeten zur Renovierung des Kinderzimmers. ☺ ☹

f) Ich runde gerne beim Antwortsatz von Textaufgaben. ☺ ☹

g) Bei der Buchung von Übernachtungen. ☺ ☹

h) Beim Einkaufen von Lebensmitteln, um zu überprüfen, ob das Geld ausreicht. ☺ ☹

7 Runde jede Zahl auf Tausender, Zehntausender, Hunderttausender und Millionen.

Zahl	gerundet auf Tausender	gerundet auf Zehntausender	gerundet auf Hunderttausender	gerundet auf Millionen
55 987				
443 509				
3				
2 349 674				

Das ist wichtig:

Der Begriff Addition leitet sich von dem lateinischen Begriff „addere" ab und bedeutet so viel wie „hinzufügen". Die Zahlen, die addiert werden, heißen **Summanden**. Das Ergebnis ist dann die **Summe**. Das Gegenteil der Addition ist die Subtraktion. Bei einfachen Aufgaben nutzen wir die Addition im Kopf. Hilfreich bei der Addition im Kopf kann ein **Zahlenstrich** sein.

Beispiel: 115 + 99 = ____
Wir rechnen: 115 **+ 100** = 215
Statt der Zahl 99 haben wir die Zahl 100 addiert, das heißt, wir haben uns eine 1 „geliehen". Diese geliehene Zahl muss anschließend vom Ergebnis wieder subtrahiert werden, um auf 99 zu kommen.

115 **+ 100 – 1** = 214

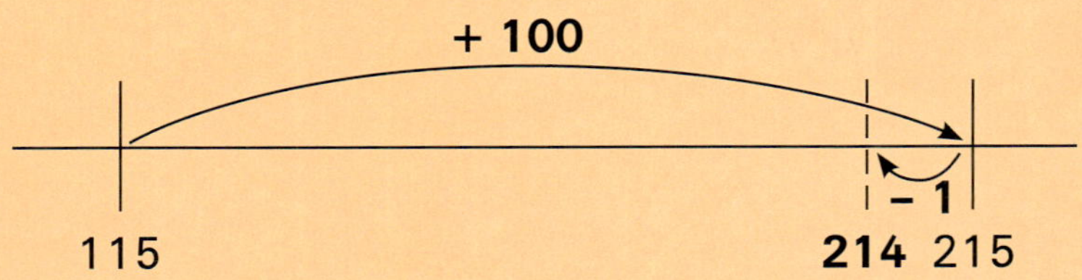

1 Addition ganz leicht.

a) 235 + 99 = ____________ c) 12 340 + 92 = ____________
b) 1 270 + 96 = ____________ d) 125 590 + 95 = ____________

2 Addition mit kleiner Steigerung.

	erster Summand	zweiter Summand	Summe
a)	459	399 (= 400 – 1)	858
b)	732	198	
c)	12 450	390	
d)	23 980	492	

3 Justus spielt mit seinem Freund Dart.
Werte die Ergebnisse aus. Wer ist Sieger?

Justus: 98 Punkte, 97 Punkte, 99 Punkte, 95 Punkte

Gesamtzahl: ______ Punkte

Matthias: 99 Punkte, 96 Punkte, 95 Punkte, 99 Punkte.

Gesamtzahl: ______ Punkte

Sieger: ____

Realschul-Check

4 a) Addiere die Zahlen 148 und 48.

____

b) Bilde die Summe aus den Zahlen 421 und 298. ____________________

c) Addiere zur Summe der Zahlen 198 und 45 die Differenz der Zahlen 312 und 198. ____________________

5 Schreibe die Rechenvorschrift auf.

0 —(+)→ 199 —(+)→ 295

295 —(+)→ 442

442 —(+)→ 839 —(+)→ 1 000

6 Fülle die Lücken in der Rechenmauer aus.

	990		
226		136	
7			41

Rechenvorteile nutzen (Addition)

Das ist wichtig:

Bei einfachen Additionsaufgaben kannst du im Kopf rechnen. Es gibt hierbei nicht den einen Rechenweg, sondern jeder muss den Weg finden und wählen, der ihm am liebsten ist. Hier findest du zwei verschiedene Rechenwege für eine Aufgabe:

Aufgabe: 24 + 35 = ______

Möglichkeit A:
Addiere zuerst die Zehner, dann die Einer.
20 + 30 + 4 + 5 = 59

Möglichkeit B:
Addiere zur ersten Zahl die Zehner, anschließend die Einer.
24 + 30 + 5 = 59

Beide Möglichkeiten führen zum richtigen Ergebnis.
Wählen den für dich einfacheren Rechenweg.

1 Addition ganz leicht.

a) 456 + 24 = 480
b) 238 + 56 = ______
c) 278 + 135 = ______
d) 178 + 45 = ______
e) 285 + 62 = ______
f) 756 + 87 = ______

2 Weiter geht´s im Kopf.

a) 8 600 + 3 400 = ____________
b) 9 200 + 3 520 = ____________
c) 2 980 + 3 400 = ____________
d) 2 500 + 4 100 + 4 230 = ____________
e) 7 890 + 2 300 + 1 110 = ____________
f) 157 000 + 54 000 + 12 640 = ____________

3 Langstreckenaddition mit schönen Ergebnissen.
Rechne bitte nicht schriftlich. Zwischenergebnisse darfst du dir natürlich notieren.

a) 450 + 221 + 329 = ____________
b) 2 310 + 4 115 + 3 575 = ____________
c) 4 510 + 2 228 + 3 400 + 973 = ____________

Notizen:

4 Ergänze.

a) 78 —+ ☐→ 120

b) 56 —+ ☐→ 92

c) 1 290 —+ ☐→ 1 615

d) 17 360 —+ ☐→ 22 412

5 Jasmin lädt ihre drei Freundinnen zu je einer Pizza und einem Getränk ein. Zwei Mädchen nehmen je ein Wasser, zwei wählen je eine Cola. Wie viel Geld bekommt Jasmin zurück, wenn sie mit einem 20-€- und einem 10-€-Schein bezahlt? Auch hier gilt: Kopfrechnen hält fit!

Notizen:

Antwort: ______________________

____

6 Immer zwei Zahlen ergeben im Kopf gerechnet die Summe 500. Färbe die Summanden in der gleichen Farbe, und schreibe sie auf.

_____ + _____ = 500 _____ + _____ = 500
_____ + _____ = 500 _____ + _____ = 500
_____ + _____ = 500 _____ + _____ = 500
_____ + _____ = 500 _____ + _____ = 500

240	254	167	375
347	349	192	354
333	153	260	151
125	146	246	308

Realschul-Check

7 Suche zwei Zahlen, die die Summe 25 bilden.
Die Differenz der beiden Zahlen ist die Zahl 7. Wie heißen die beiden Zahlen?

____

Das ist wichtig:

- Der Begriff Subtraktion bedeutet so viel wie „abziehen", „den Unterschied berechnen" oder „vermindern". Die Zahl, von der etwas abgezogen wird, heißt **Minuend**.
- Der **Subtrahend** ist die Zahl, die abgezogen wird. Die **Differenz** ist der Wert zwischen zwei Zahlen oder auch das Ergebnis der Subtraktion. Das Gegenteil der Subtraktion ist die Addition. Bei einfachen Aufgaben rechnest du die Subtraktion im Kopf. Hilfreich bei der Subtraktion im Kopf kann ein **Zahlenstrich** sein.
- Beispiel: 314 – 98 = _____

  Wir rechnen: 314 **– 100** = 214

  Wir haben anstelle der Zahl 98 die Zahl 100 subtrahiert, das heißt, wir haben uns eine 2 „geliehen". Diese geliehene Zahl muss anschließend wieder zum Ergebnis addiert werden!

314 **– 100 + 2** = 216

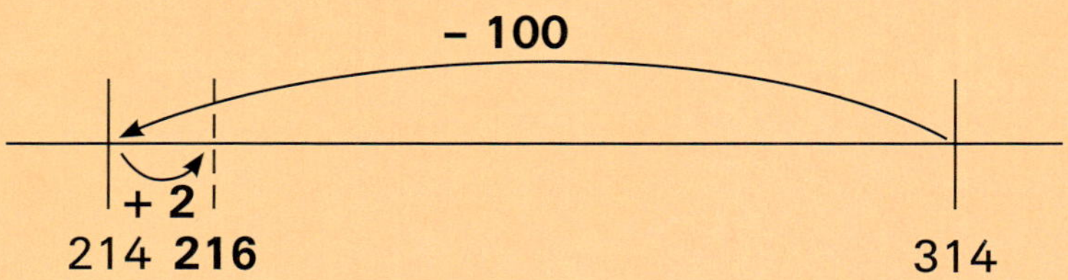

1 Subtraktion ganz leicht.

Subtrahiere im Kopf 100, und addiere die „geliehene" Zahl wieder.

a) 894 – 98 = 796

b) 789 – 95 = __________

c) 23 569 – 94 = __________

d) 178 982 – 89 = __________

2 Subtraktion mit kleiner Steigerung.

Suche dir den nächsten Hunderter, merke dir die „geliehene" Zahl, und addiere diese wieder zum Ergebnis.

	Minuend	Subtrahend	Differenz
a)	459	299	
b)	78 956	888	
c)	298 950	692	

3 Frau Weber kauft für ihre Kinder Skikleidung und neue Ski.
Reichen die 370 €, die sie im Geldbeutel hat? Rechne im Kopf.

Skianorak	98 €
Skianzug	87 €
Carving-Ski	93 €
Skihose	89 €

Antwort: ______________________________

____

____

Realschul-Check

4 a) Subtrahiere von der Zahl 345 die Zahl 109.

____

b) Bilde die Differenz zwischen den Zahlen 459 und 89. ______________

c) Meine Zahl hat an der ersten Stelle eine 5, die zweite Stelle erhältst du, wenn du die Differenz von 67 und 59 errechnest. Die dritte Stelle ist das Dreifache von 2. Wie heißt die gesuchte Zahl? ______________

5 Ich denke mir eine Zahl, subtrahiere von dieser Zahl 89, addiere 95, dividiere durch 100, und erhalte 1. Wie heißt meine gesuchte Zahl?

[ ] → [ ] → [ ] → [1]

6 Bilde Subtraktionsaufgaben.

490		285		477
872	−	299	=	580
982		292		683
762		89		401

Das ist wichtig:

Wie bei den Kopfrechenaufgaben der Addition gibt es auch bei denen der Subtraktion nicht nur einen einzigen Rechenweg. Suche dir eine Möglichkeit aus, und wende diese bei den einfachen Subtraktionsaufgaben an.

Aufgabe: 245 − 72 = ____

Möglichkeit A:
Subtrahiere zuerst die Zehner, dann die Einer.
245 − 70 − 2 = 173

Möglichkeit B:
„Leihe" dir eine Zahl, und addiere diese wieder zum Zwischenergebnis.
245 − 80 + 8 = 173

1 Subtrahiere sinnvoll. Rechne im Kopf.

a) 854 − 62 = 792
b) 921 − 44 = ____
c) 762 − 144 = ____
d) 863 − 147 = ____
e) 8 720 − 590 = ____
f) 9 200 − 389 = ____

2 Kopfrechnen! Fülle die Lücken aus.

− 32	
155	
398	
555	
490	
278	

− 75	
344	
522	
821	
123	
701	

−	
	4 848
3 803	
	1 989
5 000	
7 251	7 209

3 Kommst du ans Ziel? Wie immer im Kopf.

820	− 210	− 45	− 75	− 180	− 175	− 90

Ziel: ____

4 Kreuze die Aufgaben an, bei denen eine Subtraktion im Kopf sinnvoll ist.

☐ 285 − 98 ☐ 387 912 − 2 347 ☐ 2,40 m − 1,20 m

☐ 4,28 € − 1,22 € ☐ 98 − 19 ☐ 783 − 177

5 Sina hat 34 € gespart. Sie kauft zwei Bücher für je 9,80 €, einen Radiergummi für 1,40 € und vier Hefte für je 50 ct. Gerne würde sie noch das Freundschaftsbuch im Wert von 12,50 € oder ein Rätselheft für 10,25 € kaufen.
Wofür reicht ihr Geld? Wie viel bekommt sie zurück?

Antwort: ____________________

6 a) Subtrahiere von der Zahl 1 345 die Zahl 215.

Lösung: ____________

b) Berechne die Differenz zwischen den Zahlen 342 und 580.

Lösung: ____________

c) Vermindere die Zahl 10 000 um 211.

Lösung: ____________

d) Ziehe von der Zahl achtundsiebzigtausend achttausendvierhundert ab.

Lösung: ____________

Realschul-Check

7 Löse das Rechenrätsel. Für welche Zahlen stehen die Zeichen?

a) ▲ − 158 = □ ▲ = ______

2 500 − 342 = ▲ □ = ______

b) ▽ − 252 = ◒ ▽ = ______

6 000 − 352 = ▽ ◒ = ______

c) 80 − 25 = ✱ ✱ = ______

✱ − ◇ = ⊙ ◇ = ______

⊙ − 6 = 2 ⊙ = ______

Das ist wichtig:

Bei der **schriftlichen Addition** werden die Zahlen, die addiert werden sollen, stellengerecht untereinandergeschrieben. Man beginnt – wie auch bei der schriftlichen Subtraktion – bei den Einerzahlen und rechnet von unten nach oben.

	H	Z	E
	4	5	6
+	3	8	4
	1	1	
	8	4	0

Sprechweise:
4 plus 6 ist so viel wie 10; schreibe 0, übertrage **1**.
1 plus 8 plus 5 ist so viel wie 14, schreibe 4, übertrage **1**.
1 plus 3 plus 4 ist so viel wie 8, schreibe 8.

1 Löse die Additionsaufgaben.

a)

	2	4	9	7
+	4	7	8	2

b)

	4	6	3	8
+	8	5	4	1

c)

	1	5	9	4
	3	9	9	9
	2	0	9	5
+	1	8	3	1

d)

	5	7	8	9
	6	7	4	3
	4	3	3	1
	5	6	7	2
+	2	3	2	3

2 Setze die fehlenden Zahlen ein.

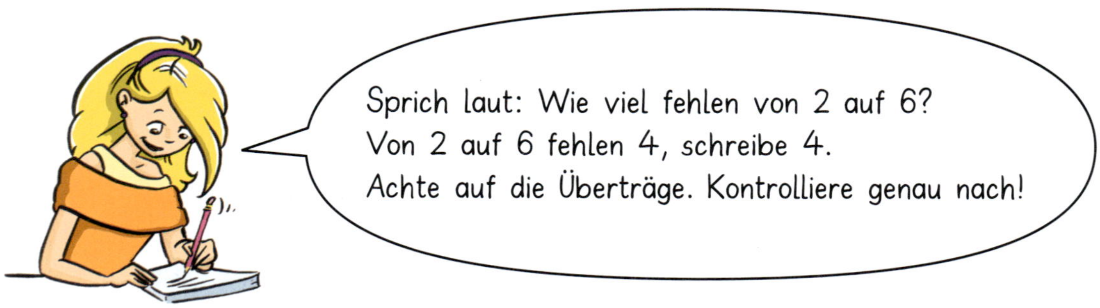

a)

+	5	3	2	2
		7	6	9	8

Kontrolle:

b)

	8		3
+		2	
1	0	8	5

Kontrolle:

3 Addiere folgende Zahlen.

a) 12 356 + 3 478 + 8 992 + 2 324 + 467 + 3 232 + 1 899 + 23 666
b) 88 999 + 21 367 + 432 + 6 578 + 4 999 + 2 103 + 4 850 + 32

a)

b)

4 Addiere fehlerfrei:

a) 9 889 + 8 998 + 7 889
b) 8 956 + 7 558 + 9 577
c) 8 877 + 9 + 7 970

a)

b)

c)

5 Die folgenden Sätze sind falsch. Formuliere richtig.

a) Bei der Addition werden verschiedene Zahlen voneinander abgezogen.

---

b) Bei der Addition dürfen die Zahlen auf gar keinen Fall in ihrer Reihenfolge vertauscht werden.

---

c) Der erste Summand und der zweite Summand sind die Differenz der beiden Zahlen.

---

d) Bei der Addition schreibe ich immer die Zehnerzahlen unter die Hunderterzahlen, und die Einerzahlen unter die Zehnerzahlen.

Das ist wichtig:

Bei der **schriftlichen Subtraktion** gibt es zwei Möglichkeiten, Aufgaben zu lösen. Welche Variante liegt dir mehr?

Möglichkeit 1: **Schriftliches Subtrahieren durch Ergänzen**

	8	5	3	2
−	6	2	8	7
		1	1	
	2	2	4	5

Sprechweise:
Wie viel fehlen von 7 auf 2? Das geht nicht! Ich muss die Zahl 2 um 10 erhöhen. Wie viel fehlen von 7 auf 12?
Von 7 auf 12 fehlen 5. (Übertrage **1**!)
Wie viel fehlen von 9 auf 3? Das geht nicht! Ich muss die Zahl 3 um 10 erhöhen. Wie viel fehlen von 9 auf 13?
Von 9 auf 13 fehlen 4. (Übertrage **1**!)
Wie viel fehlen von 3 auf 5? Von 3 auf 5 fehlen 2.
Wie viel fehlen von 6 auf 8? Von 6 auf 8 fehlen 2.

Möglichkeit 2: **Schriftliches Subtrahieren durch Abziehen**

		4	2	
	8	~~5~~	~~3~~	2
−	6	2	8	7
	2	2	4	5

2 minus 7 geht nicht, ich wechsle einen Zehner in 10 Einer.
12 minus 7 ergibt 5, ich schreibe 5.
2 minus 8 geht nicht, ich wechsle einen Zehner in 10 Einer.
12 minus 8 ergibt 4, ich schreibe 4.
4 minus 2 ergibt 2, ich schreibe 2.
8 minus 6 ergibt 2, ich schreibe 2.

	7	9	
	~~8~~	~~0~~	5
−	3	2	8
	4	7	7

Achtung: Besonderheit bei der Subtraktion mit Nullen!
5 minus 8 geht nicht, von 0 Zehnern kann ich nichts wechseln; ich wechsle also einen Hunderter in 9 Zehner und 10 Einer.
7 Hunderter bleiben.
15 minus 8 ergibt 7, schreibe 7.
9 minus 2 ergibt 7, schreibe 7.
7 minus 3 ergibt 4, schreibe 4.

1 Subtrahiere die Aufgaben nach Möglichkeit 1 oder 2.

a)

	6	8	9
−	4	2	5

b)

	3	9	5	4	6	8
−			4	1	0	8

c)

	4	3	7	8	9	2
−	1	1	6	8	4	2

2 Schreibe die folgenden Zahlen richtig untereinander, und subtrahiere.

a) 7 889 321; 3 657 566

−

b) 100 000; 43 572

−

3 Was wurde falsch gemacht? Begründe.

a)

	3	7	8
−	2	1	8
		1	
	5	9	6

b)

	5	6	8	5	4	2
−	1	3	4	6		
			1			
	4	3	3	1	4	2

c)

	6	9	7	5	4
−	8	7	3	2	6
1				1	
	8	2	4	2	8

a) ______________________________

b) ______________________________

c) ______________________________

4 Subtrahiere nun mit mehreren Subtrahenden.

Addiere zunächst alle Subtrahenden, und ziehe dann von der größten Zahl ab.

a)

	4	3	7	8	9
−		1	3	5	2
−		1	4	2	5

b)

	9	0	6	0	0	0
−	2	2	5	1	1	1
−	1	6	8	5	8	9

c)

	4	5	5	2	2	1
−	1	8	9	2	0	0
−		8	6	0	2	0

Realschul-Check

5 Versuche, die Aufgabe mit nur zwei Rechnungen zu lösen.

987 355 − 3 480 + 20 903 + 280 − 560 + 75 822 − 19 340 + 3 720 = ________

1 Das rechnest du ohne Probleme im Kopf:

a) 8 · 50 = ______
9 · 60 = ______
7 · 70 = ______

b) 90 · 7 = ______
70 · 5 = ______
80 · 3 = ______

c) 5 · 500 = ______
4 · 600 = ______
2 · 700 = ______

d) 5 · ______ = 45
8 · ______ = 56
6 · ______ = 42

e) 3 · ______ = 300
3 · ______ = 240
8 · ______ = 560

f) ______ · 20 = 120
______ · 60 = 420
______ · 40 = 360

Das ist wichtig:

Die Aufgabe 213 · 3 kannst du auf verschiedene Arten rechnen.

halbschriftlich

213 · 3 = 639
3 · 3 = 9
10 · 3 = 30
200 · 3 = 600

oder kürzer

213 · 3
9
30
600
639

oder schriftlich multiplizieren

213 · 3
639

Beginne bei den Einern, sprich:
3 · 3 = 9 ⟶ schreibe 9
3 · 1 = 3 ⟶ schreibe 3
3 · 2 = 6 ⟶ schreibe 6

2 Rechne folgende Aufgaben halbschriftlich oder schriftlich:

a) 1 3 1 · 2
2
6 0
2 0 0
2 6 2

b) 3 3 3 · 3

c) 2 1 2 · 4

d) 2 2 3 · 3

Das ist wichtig:

Die Aufgabe 263 · 5 kannst du halbschriftlich rechnen oder schriftlich.

263 · 5
3 1
1315

Beginne mit den Einern:
5 · 3 = 15 ⟶ schreibe 5 ⟶ merke im Übertrag **1**
5 · 6 = 30
30 + **1** = 31 ⟶ schreibe 1 ⟶ merke im Übertrag **3**
5 · 2 = 10
10 + **3** = 13 ⟶ schreibe 13

3 Rechne folgende Aufgaben halbschriftlich oder schriftlich:

a) 5 3 9 · 6

c) 6 1 4 · 3

e) 7 2 4 · 5

g) 2 9 4 · 4

b) 9 6 6 · 7

d) 4 1 7 · 8

f) 7 1 2 4 · 5

h) 1 2 6 4 · 5

Das ist wichtig:

So multiplizierst du zwei größere Zahlen miteinander.

3	7	5	· 2	4
		7	5	0
	1	5	0	0
	9	0	0	0
	T	H	Z	E

Sprich:

2 · 5 = 10 → schreibe 0 → merke **1**
2 · 7 = 14, 14 + **1** = 15 → schreibe 5 → merke **1**
2 · 3 = 6, 6 + **1** = 7 → schreibe 7

4 · 5 = 20 → schreibe 0 → merke **2**
4 · 7 = 28, 28 + **2** = 30 → schreibe 0 → merke **3**
4 · 3 = 12, 12 + **3** = 15 → schreibe 15

4 Rechne ebenso.

a) 5 2 7 · 3 6
1581
+ 3162
18972

c) 9 8 4 · 7 3
6888
+ 2943
71829

e) 2 2 5 · 2 5
550
+ 1125
6625

g) 6 6 5 · 4 4
2660
+ 2660
29260

b) 4 6 6 · 4 7

d) 9 8 4 · 9 1

f) 5 1 4 · 3 7

h) 1 2 4 · 8 5

1 Rechne im Kopf:

a)

$\cdot 2$ →	
82	
65	
74	

b)

$\cdot 4$ →	
16	
51	
23	

c)

$\cdot 5$ →	
25	
21	
32	

2 Rechne mit einem Zwischenschritt wie in diesem Beispiel:

$8 \cdot 12 = 8 \cdot 10 + 8 \cdot 2$ also
$8 \cdot 12 = 80 + 16 = 96$
(80: $8 \cdot 10$; 16: $8 \cdot 2$)

a) $6 \cdot 12 =$ ____________ = ______
$7 \cdot 15 =$ ____________ = ______
$8 \cdot 19 =$ ____________ = ______

b) $4 \cdot 22 =$ ____________ = ______
$3 \cdot 39 =$ ____________ = ______
$5 \cdot 26 =$ ____________ = ______

Das ist wichtig:

Bei der Aufgabe $2 \cdot 3 = 6$ nennt man die 2 und die 3 **Faktoren** oder auch **Multiplikanden**. Das Ergebnis heißt bei der Multiplikation **Produkt**.
Zehnerzahlen multiplizierst du so:
447 · **40** = 447 · **4** · **10** (da 40 = 4 · 10)

Rechne in zwei Schritten:

447 · 4
1788

1 788 · 1**0** = 17 88**0**

Oder kürzer, indem du die **0** einfach anschließend anhängst:

447 · 4**0**
1788**0**

3 Rechne folgende Aufgaben wie in der kürzeren Form im Merkkasten gezeigt:

a) 4 3 9 8 · 5 0

b) 6 1 6 5 · 4 0

c) 8 9 3 5 · 3 0

d) 6 1 9 3 · 7 0

Das ist wichtig:

Ein **Überschlag** hilft dir, bei Multiplikationen das Ergebnis abzuschätzen und selbst Fehler zu finden.
452 · 7   Überschlag: 400 · 7 = 2 800   oder   500 · 7 = 3 500
Du weißt also vor dem Ausrechnen, dass das Ergebnis bei über 2 800 (und unter 3 500) liegen muss.

4 Mache für folgende Aufgaben erst einen Überschlag, und rechne dann.

a) 2 7 4 · 3

Ü: ____________

c) 9 8 4 · 7

Ü: ____________

e) 3 2 4 · 5

Ü: ____________

b) 6 6 5 · 4

Ü: ____________

d) 4 6 6 · 6

Ü: ____________

f) 2 8 4 · 9

Ü: ____________

Das ist wichtig:

Vorsicht mit den Nullen! Denke daran: 4 · 0 = 0
Ist ein Faktor 0, ist auch das Ergebnis 0.

2401 · 4
9604

5 Rechne und mache zur Sicherheit einen Überschlag.

a) 2 0 1 · 4

Ü: ____________

c) 8 0 4 · 3

Ü: ____________

e) 1 9 0 · 9

Ü: ____________

b) 3 0 6 · 3 0

Ü: ____________

d) 9 4 2 0 · 5 0

Ü: ____________

f) 5 0 2 0 · 2 0

Ü: ____________

Das ist wichtig:

So dividierst du schriftlich. Um Fehler zu erkennen, mache einen Überschlag. Achte darauf, richtig untereinanderzuschreiben!

15 386 : 7 = Ü: 14 000 : 7 = 2 000

```
15386 : 7 = 2198
14
 13
  7
  68
  63
   56
   56
    0
```

Sprich:		Schreibe:
1 : 7	geht nicht	
15 : 7 2 · 7 = 14	geht 2-mal bleibt 1	**2** 14, Strich 1
3 runterholen 13 : 7 1 · 7 = 7	geht 1-mal bleiben 6	**1** 7, Strich 6
8 runterholen 68 : 7 9 · 7 = 63	geht 9-mal bleiben 5	**9** 63, Strich 5
6 runterholen 56 : 7 8 · 7 = 56	geht 8-mal bleiben 0	**8** 56, Strich 0

1 Überschlage, und rechne dann schriftlich.

685 : 5 = Ü: 700 : 5 =

4685 : 5 = Ü:

19685 : 5 = Ü:

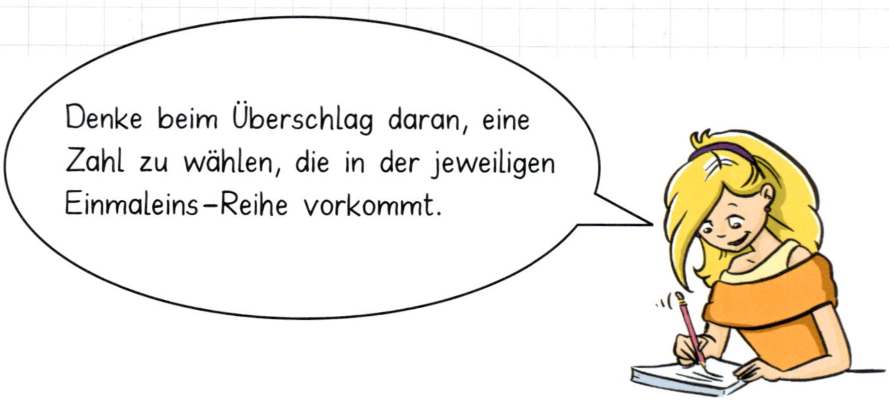

Das ist wichtig:

Vorsicht mit den Nullen! Denke daran: $4 : 4 = 1$ $1 \cdot 4 = 4$
$0 : 4 = 0$ $0 \cdot 4 = 0$

```
13045 : 5 = 2609
10↓
 30
 30↓
  04
   0↓
  45
  45
   0
```

	Sprich:		**Schreibe:**
	1 : 5	geht nicht	
	10 : 5 2 · 5 = 10	geht 2-mal bleiben 3	**2** 10, Strich 3
	0 runterholen 30 : 5 6 · 5 = 30	geht 6-mal bleiben 0	**6** 30, Strich 0
	4 runterholen 4 : 5 0 · 5 = 0	geht 0-mal bleiben 4	**0** 0, Strich 4
	5 runterholen 45 : 5 9 · 5 = 45	geht 9-mal bleiben 0	**9** 45, Strich 0

Gerade bei den Nullen schleichen sich schnell Fehler ein. Mache daher immer einen Überschlag. Du kannst auch überschlagen, nachdem du gerechnet hast. Dann machst du die Umkehrprobe. Die Umkehrrechnung zur Division ist die Multiplikation. Für die Rechnung oben geht das z. B. so:

Ü: **2 000** · 5 = 10 000 oder **3 000** · 5 = 15 000, (13 045 liegt dazwischen).

Realschul-Check

2 Rechne, und mache am Ende einen Überschlag als Umkehrprobe wie oben im Regelkasten gezeigt.

3 0 6 1 2 : 6 = Ü: 5 0 0 0 · 6 =

4 5 3 2 0 : 4 = Ü:

2 8 5 1 2 : 3 =

Ü:

Das ist wichtig:

Wenn eine Rechnung nicht glatt aufgeht, schreibst du den Rest dazu.

7568 : 6 = **1261 Rest 2** oder kürzer **R 2** oder **1 261 + 2 : 6**

```
7568 : 6 = 1261 Rest 2
6
15
12
 36
 36
  08
   6
   2
```

2 : 6 geht nicht, also schreibst du Rest 2

Zur Sicherheit kannst du die Umkehraufgabe machen:

U: 1261 · 6 = 7566

7 566 + **2** = 7 568

3 Rechne schriftlich wie oben im Beispiel.

43249 : 8 =

U:

26513 : 3 =

U:

34203 : 4 =

U:

6303 : 7 =

U:

Realschul-Check

4 Welche einstelligen Zahlen teilen 50 ohne Rest?

Antwort: Die Zahlen ______________________ teilen 50 ohne Rest.

5 Aufgaben mit Rest – rechne schriftlich.

17033 : 2 =

51805 : 7 =

21322 : 4 =

54099 : 6 =

6 Aufgaben mit und ohne Rest – rechne schriftlich.

18764 : 8 =

27693 : 9 =

27157 : 4 =

42161 : 7 =

7 Diese Aufgaben rechnest du ohne Probleme im Kopf:

a) 63 : 9 = ______
56 : 7 = ______
48 : 8 = ______

b) 160 : 4 = ______
250 : 5 = ______
270 : 3 = ______

c) 160 : 40 = ______
180 : 20 = ______
490 : 70 = ______

d) 45 : ______ = 5
56 : ______ = 8
63 : ______ = 7

e) 270 : ______ = 9
210 : ______ = 3
120 : ______ = 2

f) ______ : 20 = 90
______ : 80 = 60
______ : 30 = 40

Das ist wichtig:

Das Dividieren durch ganze Zehner ist einfach. Vergleiche die beiden Aufgaben.

```
4134 : 3 = 1378
3
11           Ü: 4 200 : 3 = 1 400
 9
 23
 21
  24
  24
   0
```

```
41340 : 30 = 1378
30
113          Ü: 42 000 : 30 = 1 400
 90
 234
 210
  240
  240
    0
```

1 Rechne ebenso. Mache vorher einen Überschlag.

1726 : 2 = Ü:

17260 : 20 = Ü:

5698 : 7 = Ü:

56980 : 70 =

Ü:

2 Mache den Überschlag, und rechne dann.

66150 : 90 = Ü:

27450 : 30 = Ü:

34080 : 40 =

Ü:

3 Die Elferreihe kennst du sicherlich:

1 · 11	2 · 11	3 · 11	4 · 11	5 · 11	
11	22	33	44	55	…

Rechne die untenstehenden Aufgaben wie in diesem Beispiel.

```
1419 : 11 = 129      1 durch 11    geht nicht
11                   14 : 11       geht 1-mal, schreibe 1 im Ergebnis
 31                  1 · 11 = 11   bleiben 3 , schreibe 11, Strich 3 usw.
 22
  99                 Ü: 1 100 : 11 = 100
  99
   0
```

2 6 1 8 : 1 1 = Ü:

9 5 2 1 6 : 1 1 = Ü:

3 4 0 7 8 : 1 1 =

Ü:

3 0 6 9 : 1 1 =

Ü:

Realschul-Check

4 Vervollständige die Zwölferreihe, und rechne.

1 · 12	2 · 12	3 · 12	4 · 12	5 · 12	6 · 12	7 · 12	8 · 12	9 · 12	10 · 12
12	24					84			

1 9 1 5 2 : 1 2 =

4 2 9 3 6 : 1 2 =

Das ist wichtig:

- Klammern werden immer zuerst ausgerechnet: $\underbrace{(17 + 3)} \cdot 5 = 20 \cdot 5$
  $= 100$
- Punktrechnung kommt immer vor Strichrechnung.
- Multiplikation (·) und Division (:) sind Punktrechnungen. Addition (+) und Subtraktion
- (–) sind Strichrechnungen.

Beispiel: $5 + \underbrace{8 \cdot 3} = 5 + 24 = 29$

1 Rechne aus.

a) $25 + \underbrace{8 \cdot 6}$ = ____________

b) $70 + 6 \cdot 80$ = ____________

c) $4 \cdot 7 + 4 \cdot 8$ = ____________

d) $78 + \underbrace{7 \cdot 9}$ = ____________

e) $90 + 30 \cdot 3$ = ____________

f) $3 \cdot 5 + 7 \cdot 20$ = ____________

2 Mit der Division geht es genauso. Rechne die Aufgaben.

a) $34 + \underbrace{8 : 2}$ = ____________

b) $54 + 72 : 9$ = ____________

c) $382 - 24 : 8$ = ____________

d) $60 - \underbrace{64 : 8}$ = ____________

e) $499 - 54 : 9$ = ____________

f) $90 : 10 - 16 : 2$ = ____________

3 Rechne auch hier.

a) $\underbrace{(100 - 30)} \cdot 3$ = ____________

b) $120 : (58 - 38)$ = ____________

c) $(7 - 3) \cdot 40$ = ____________

d) $\underbrace{(216 - 100)} \cdot 2$ = ____________

e) $(316 + 44) : 4$ = ____________

f) $400 : (25 - 5)$ = ____________

4 Denke auch an die Regel Punktrechnung vor Strichrechnung.

a) $(230 - 30) \cdot 3 =$ ______
$230 - 30 \cdot 3 =$ ______

b) $8 \cdot 25 - 5 =$ ______
$8 \cdot (25 - 5) =$ ______

c) $200 : 20 + 15 =$ ______
$200 : (20 - 15) =$ ______

d) $500 : (10 - 5) =$ ______
$500 : 10 - 5 =$ ______

5 a) Bilde selbst vier Aufgaben mit den Zahlen und Rechenzeichen, und berechne das Ergebnis. Die Zahlen und Zeichen dürfen mehrfach verwendet werden.

5 | 10 | 15 | + | − | · | : | (|) | =

______ ______

______ ______

b) Findest du die Aufgabe mit dem größtmöglichen Ergebnis? Jede Zahl und jedes Rechenzeichen darf nur einmal eingesetzt werden.

______

Realschul-Check

6 Schreibe Aufgaben mit dem angegebenen Ergebnis, wobei du immer mindestens eine der beiden Regeln der vorherigen Seite anwendest.

20	50	100
(735 − 655) : 4		
1 840 : 2 − 900		

Name: Klasse: Datum:

1 Schreibe die Zahlen auf, die anstelle der Buchstaben stehen müssen.

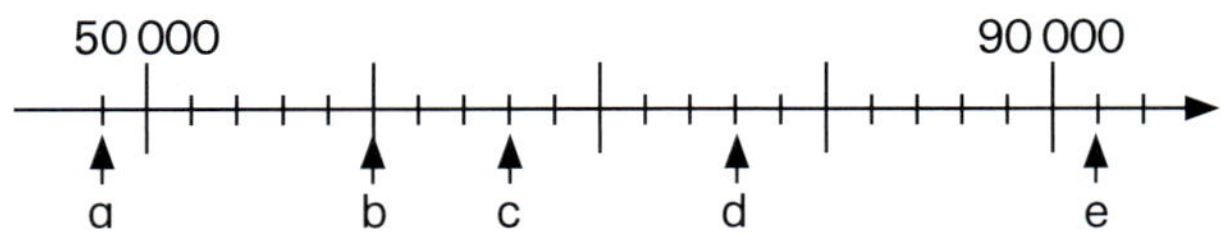

a) ________ b) ________ c) ________ d) ________ e) ________

5 P.

2 Runde jede Zahl einmal auf Tausender, Zehntausender, Hunderttausender und Millionen!

gerundet auf:	**T**	**ZT**	**HT**	**M**
364 023:	________	________	________	________
4 608 571:	________	________	________	________

8 P.

3 Fülle die Lücken der Zahlenmauern.

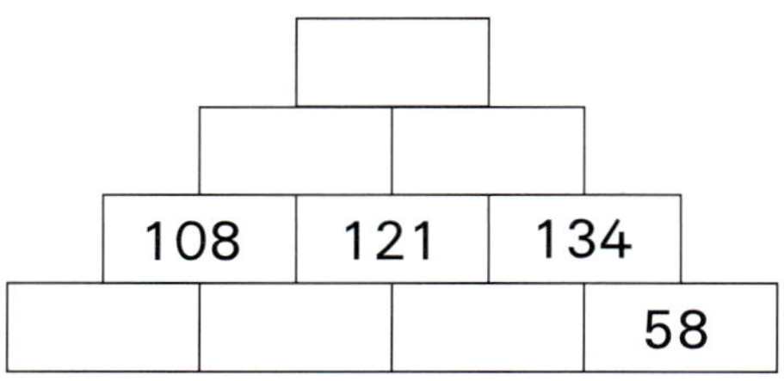

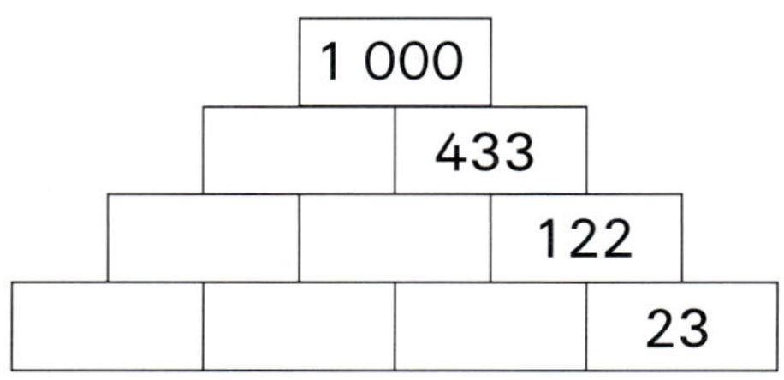

12 P.

4 a) Addiere die Zahlen 156 und 33. ________

b) Bilde die Summe aus den Zahlen 693 und 271. ________

c) Addiere zur Summe der Zahlen 437 und 73 die Differenz der Zahlen 398 und 212. ________

4 P.

5 a) 880 − 76 = ☺ ☺ = ________

☺ − ☼ = ◇ ☼ = ________

◇ − 700 = 49 ◇ = ________

b) 1 000 − ☺ = 667 ☺ = ________

667 − ☼ = ◇ ☼ = ________

◇ − 99 = 500 ◇ = ________

6 P.

Name: Klasse: Datum:

6 Rechne schriftlich.

a) 2 1 5 · 4 3

b) 8 9 4 · 3 7

c) 5 0 1 · 2 9

6 P.

7 a) Mache einen Überschlag, rechne dann schriftlich in deinem Heft, und schreibe das Ergebnis hier auf.

22 188 : 3 = ______ Ü: ______

54 801 : 9 = ______ Ü: ______

b) Rechne die Aufgaben mit Rest in deinem Heft, und schreibe das Ergebnis hier auf. Mache zur Sicherheit die Umkehrrechnung.

42 036 : 8 = ______ U: ______

64 903 : 7 = ______ U: ______

8 P.

8 Rechne folgende Aufgaben. Nutze dabei dir bekannte Rechenregeln.

a) 333 : 3 − 8 · 9 = ______

b) 3 222 − 1 100 : 50 = ______

c) (33 800 − 700) : 10 = ______

6 P.

In diesem Test habe ich ☐ Punkte von insgesamt 55 Punkten erreicht.

Das entspricht der Note ☐. (Schau in den Lösungen auf Seite 17 nach).

Das ist wichtig:

- In eine Stellenwerttafel kannst du Geldbeträge nach Euro und Cent getrennt einsortieren. Freie Stellen füllst du mit Nullen auf.
- Das Komma bei Geldbeträgen trennt Euro von Cent.
  1,52 € = 1 € + 5 · 10-ct-Stücke + 2 · 1-ct-Stücke
  1 € oder 1,00 € = 100 ct

1 Fülle die Stellenwerttafel aus.

1 000 €	100 €	10 €	1 €	10 ct	1 ct	
0	2	1	3	5	4	= 213,54 €
0	7	0	4	1	0	a) = 704,10 €
0	0	2	1	3	0	b) = 21,30 €
0	9	1	0	0	5	c) = 910,05 €
						d) = 2,95 €
						e) = 6 012,00 €

2 Trage die folgenden Beträge in die Stellenwerttafel ein.
Fülle nicht gebrauchte Stellen mit Nullen auf.

1 000 €	100 €	10 €	1 €	10 ct	1 ct	
0	0	2	7	0	0	a) 27 €
				4	1	b) 41 ct
				7		c) 70 ct
	3		8			d) 308 €

3 Trage die folgenden Beträge in die Stellenwerttafel ein. Fülle nicht gebrauchte Stellen mit Nullen auf. Schreibe die Werte aus der Stellenwerttafel dann als Kommazahlen auf.

a) 101 ct b) 2 134 ct c) 16 704 Cent

1 000 €	100 €	10 €	1 €	10 ct	1 ct
			1		1
		2	1	3	4
	1	6	7		4

Kommazahl
= 01 , 01 €
= 21 , 34 €
= 167 , 04 €

4 Trage die folgenden Geldbeträge in die Stellenwerttafel ein, und ordne sie dann als Euro-Betrag der Größe nach. Beginne mit dem kleinsten Betrag:

a) 6 € 40 ct b) 6,14 € c) 603 € d) 6,03 € e) 60 ct f) 60,00 €

1 000 €	100 €	10 €	1 €	10 ct	1 ct
			6	4	0
			6	1	4
	6	0	3		
			6	0	3
				6	0
		6	0		

Nach Größe geordnete Beträge:
6 ct, 6,03 €, 6,14 €, 6,40 €, 60 €, 603 €

Das ist wichtig:

Bei der schriftlichen Addition und Subtraktion musst du **stellengerecht** untereinanderschreiben (Komma unter Komma).

1 Schreibe die Preise aus dem Supermarkt untereinander, und addiere sie:

1 kg Tomaten: 2,86 €

1 kg Äpfel: 2,45 €

1 Melone: 2,80 €

1 Becher Joghurt 0,59 €

Packung mit 6 Eiern: 1,00 €

1 Pfund Kaffee im Sonderangebot 3,17 €

3,17 €
2,86 €
2,80 €
2,45 €
1,00 €
0,59 €
12,87 €

Das ist wichtig:

Bei der schriftlichen Multiplikation und Division ist es am günstigsten, die Geldbeträge vorher in Cent **umzuwandeln** und das Ergebnis wieder in Euro anzugeben.

2 Frau Schneider kauft für ein großes Fest 4 kg Tomaten und 8 Melonen. Orientiere dich an den Preisschildern oben.

a) Wie viel Euro bezahlt Frau Schneider jeweils für die Artikel? (Wandle zuerst in Cent um, und rechne dann aus.)

b) Was bezahlt Frau Schneider insgesamt? (Schreibe untereinander, und addiere.)

280 ct · 8 = 1740 ct

1740 ct = 17,40 €

286 ct · 4 = 1144 ct = 11,44 €

11,44 €
+ 17,40 €
28,84 €

3 Der Elektromarkt hat 120 MP3-Player eingekauft und bietet sie für jeweils 52,50 € an.

a) Wie viel € nimmt er ein, wenn er alle verkauft?

52,50€ · 120
5250
10500
+ 0000
6300,00€

Antwort: Er nimmt 6300,00€ ein

b) Rechne aus: Verkauf in der 1. Woche: 44 Stück
Verkauf in der 2. Woche: 31 Stück

1.W. 52,50€ · 44
2100,00€
+ 210,00€
2310,00€

2. W 52,50€ · 31
1575,0€
+ 52,50€
1627,50€

Realschul-Check

4 3 Pizzas kosten 16,50 €. Mia, Lena und Susanne wollen sich die Rechnung teilen. Wie viel Euro bezahlt jede von ihnen?

Wandle zuerst in Cent um und rechne dann. Vergiss nicht, das Ergebnis zum Schluss in eine Kommazahl zurückzuverwandeln.

1650ct · 3
4950ct : 3

4950€ : 3 = 16,30€
19
- 18
15
- 15
00

Antwort: Jeder bezahlt 16,30€

Das ist wichtig:

Wenn du die Menge von Dingen und deren Preise in einer Tabelle auflistest, hast du einen guten Preisüberblick und kannst außerdem leicht weiterrechnen. Die Regel „Je größer die Menge, desto höher der Preis“ sagt schon aus, wie es geht.

1 Für ein Bastelprojekt in der Schule benötigt Marc 8 Holzleisten von je 1 m Länge. Im Baumarkt schaut er sich die Preistabelle an:

Länge in m	Preis in €
1	1,20
2	2,40
5	6,00
10	12,00

Marc schreibt sich den ersten Teil der Tabelle auf einen Zettel ab, fügt 8 m hinzu und berechnet die Preise. Wie hat er gerechnet? Ergänze.

Länge in m	Preis in €
1	1,20
2	2,40
5	6,00
(1 m + 5 m + 2 m =) 8	9,60 (= 1,20 € + 6,00 € + 2,40 €)

2 Vervollständige die Preistabelle:

Regalböden

Länge in m	Preis in €
0,25	1,50
0,50	3,00
0,75	4,50
1,00	6,00
1,25	7,50
1,50	9,00
2,00	12,00
2,50	13,50

3 Isa hat folgende Tabelle für das Schulfest angefertigt. Fülle du die Lücken.

Bei dieser Tabelle stehen die Angaben nicht untereinander, sondern nebeneinander. Das hat aber überhaupt keine Auswirkung auf die Ergebnisse.

Limo						
Anzahl Becher	1	2	3	4	5	6
Preis (€)	0,40	0,80	1,20	1,60	2,00	2,40

4 Führe diese Tabelle logisch weiter:

Wasser	
Anzahl Becher	**Preis (€)**
1	0,30
2	0,60
3	0,90
4	1,20
5	1,50
6	1,80
7	2,10
8	2,40

5 Max bietet auf dem Kinderflohmarkt alte Comics zu 65 Cent pro Heft an. Er erstellt eine Preistabelle. Einmal hat er sich aber vertan. Streiche den falschen Wert durch und berichtige ihn.

Hefte						
Anzahl Hefte	1	2	3	4	5	6
Preis (€)	0,65	1,30	1,95	~~2,50~~ 2,60	3,25	3,90

Das ist wichtig:

- Beim Einkauf ist es sinnvoll, ungefähr zu wissen, wie viel die Waren im Einkaufswagen wohl kosten. Ohne **Überschlag** kannst du leicht den Überblick verlieren.
- Am besten rundest du die Beträge so, dass die Stellen hinter dem Komma wegfallen. Dabei rundest du ab einem Cent-Betrag von 50 ct auf, sonst rundest du ab. Das Zeichen, das zwischen dem genauen und dem **gerundeten**, ungefähren **Wert** steht, ist „≈".

Beispiel: 2,34 € ≈ 2,00 €   3,95 € ≈ 4,00 €

1 a) Runde selbst weiter:

6,15 € ≈ 6,00 €
12,49 € ≈ 12,50 €
0,51 € ≈ 0,50 €
1,25 € ≈ 1,30 €
1,52 € ≈ 1,50 €
4,63 € ≈ 4,60 €
+ 14,75 € ≈ + 14,80 €

b) Bilde Summen: 41,40 € ≈ 51,20 €

2 Mutter kauft für Kalles Geburtstagsparty ein:

4 Pakete Luftballons zu je 0,89 €, 16 Trinkpäckchen zu je 59 ct, 6 Tüten Chips zu je 1,21 €. Kalle hilft seiner Mutter und überschlägt die Preise:

0,89 € ≈ 1 €   4 · 1 € = 4 €
0,59 € ≈ 1 €   16 · 1 € = 16 €
1,21 € ≈ 1 €   6 · 1 € = 6 €

Summe der Überschläge: 26 €

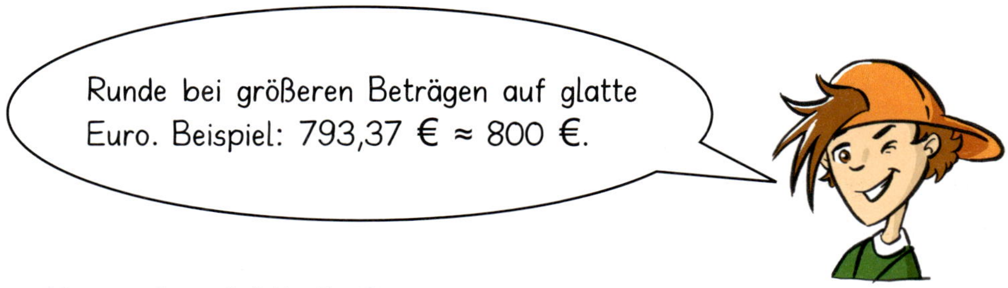

3 Auf dem Kassenbon fehlt die Summe.

4,79 € ≈	5 €
13,02 € ≈	13 €
0,59 € ≈	1 €
2,19 € ≈	2 €

Anna meint: „Das sind ungefähr 21 €."

Pascal behauptet: „Das sind rund 25 €."

Wer hat recht? Schreibe die gerundeten Beträge neben die Preise, und addiere.

Antwort: Anna hat genau recht.

4 Katrin entdeckt Schreibblöckchen zu je 47 ct. Fünf Stück möchte sie gerne haben. Reichen Ihr dazu die 2,70 €, die sie bei sich hat?

Überschlage hier, wie viel Euro die Blöckchen kosten.

47 Ct ≈ 50 ~~50·5 €~~ 50 ct · 5 = 2,50 €

Realschul-Check

5 Einnahmen beim Schulfest:

Würstchenverkauf:	168,20 € ≈	170 €
Getränkeverkauf:	212,80 € ≈	210 €
Losverkauf:	149,50 € ≈	150 €
Kuchen und Kaffee:	+ 361,70 € ≈	+ 360 €
Summen:	892,20 € ≈	890 €

Das ist wichtig:

Das Wort „kilo“ kommt aus der griechischen Sprache und bedeutet „1 000“. Also ist ein **Kilo**meter gleich 1 000 Meter: 1 km = 1 000 m

1 Wandle in Meter um. Benutze dazu die Stellenwerttafel.

a) 4 km 200 m
b) 0 km 750 m
c) 3 km 40 m
d) 0 km 3 m
e) 12 km 5 m
f) 300 km 21 m

100 km	10 km	1 km	100 m	10 m	1 m	
		4	2	0	0	4 200 m

Das ist wichtig:

- Das Komma trennt km und m voneinander: 1,500 km = 1 500 m
- Nullen am Ende einer Kommazahl darfst du weglassen. Deshalb kannst du auch so schreiben: 1,500 km = 1,5 km

2 Schreibe mit Komma.

a) 34 500 m
b) 0 km 81 m
c) 6 250 m
d) 977 m
e) 44 km 303 m
f) 136 km 6 m

3 Schreibe als km und m.

a) 17,256 km c) 2,340 km e) 500,005 km
b) 21,4 km d) 129,05 km f) 40,50 km

a) 17 km ______ m, ____________________

____

4 Ein Wanderweg ist in folgende Etappen eingeteilt:

Etappe 1: vom Parkplatz bis zum Forsthaus = tausendsechshundert Meter
Etappe 2: vom Forsthaus bis zum Hochstand = 2 km 320 m
Etappe 3: vom Hochstand bis zum Tierpark = 789 m
Etappe 4: vom Tierpark bis zum Rastplatz = 3,012 km
Etappe 5: vom Rastplatz bis zum Parkplatz = 1 045 m

Wandle die Angaben in eine einheitliche Form um (alle in Meter oder alle in Kommazahlen oder alle in km und m), und berechne die Gesamtstrecke des Wanderweges.

Realschul-Check

5 Wandle in Meter um, und ordne die Längen der Größe nach.

4 km 100 m = ______ m

4,101 km = ______ m

4 km 10 m = ______ m

1,400 km = ______ m

______ < ______ < ______ < ______ <

Das ist wichtig:

Auf Straßenkarten und Plänen kannst du die Entfernungen zwischen verschiedenen Orten ablesen. Das erspart dir die Mühe, mithilfe eines Maßstabes die Entfernungen auszumessen.

1 In Quadrathausen sind alle Gebäude quadratisch und 20 m breit. Die Straßen sind alle 5 m breit. Wie lang ist Lisas Weg (blau) zur Schule (die kürzeste Strecke)?

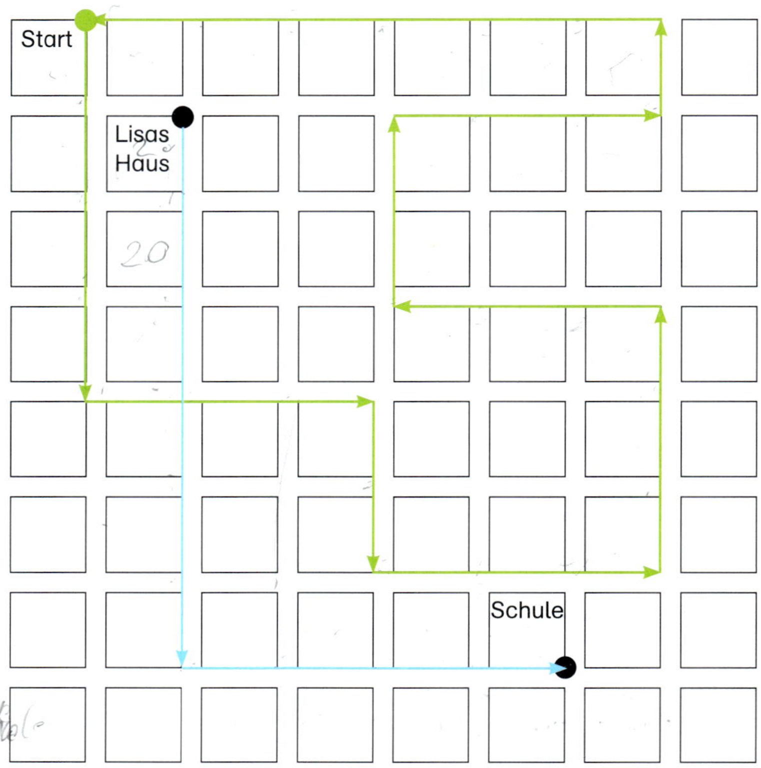

10 · 20 m
20
+ 00
200 m

9 · 5 m
+ 1 45 m
650 m

200 m
+ 45 m
245 m

A: Sie geht 245 m zur Schule.

2 Der grüne Weg ist der des Brötchenlieferanten. Wie viel Meter ist seine Rundstrecke lang?

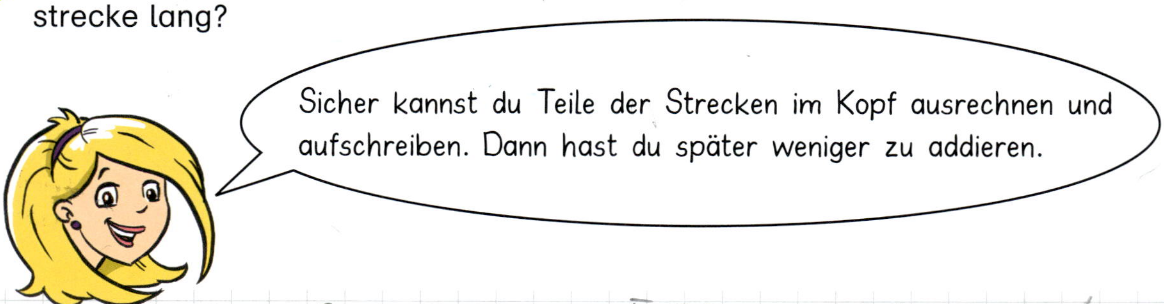

25 · 20 m
50 m
+ 00 m
500 m

25 · 20
50 m
+ 00 m
500 m

500 m
+ 500 m
1000 m

1000 m = 1 km

A: er fährt 1 km

3 Wie lang ist der gesamte Weg als Rundweg?

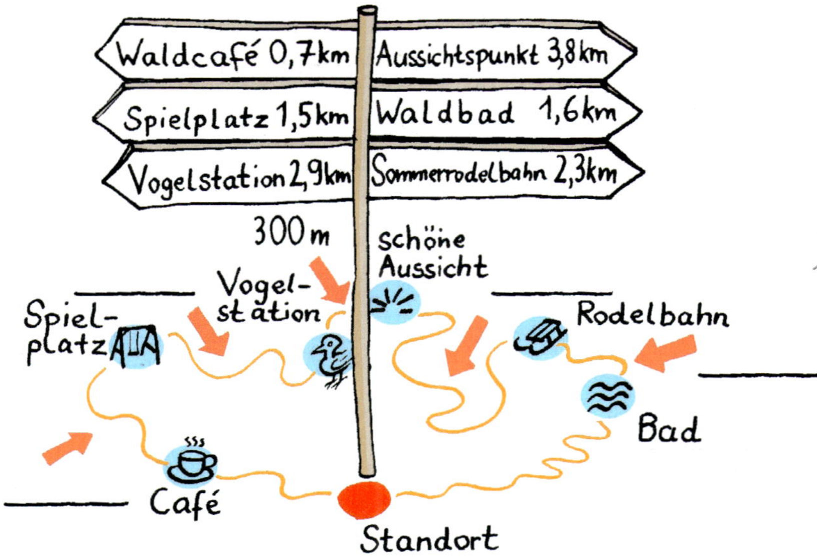

700 m
1,500 km
2,900 km
3,800 km
1,600 km
+2,300 km
12,800 km

A: Es sind 2,800 km

4 Annas Vater muss dreimal im Jahr von Magdeburg nach Erfurt fahren. Für die Hinfahrt benutzt er immer die Autobahn (rot). Zurück fährt er über die Bundesstraße (blau).

a) Wie viel km fährt er pro Jahr?

b) Um wie viel km unterscheiden sich die beiden Strecken?

112 km
70 km
+ 64 km
246 km

126 km
+ 83 km
209 km

246 km
+ 209 km
455 km

455 km · 3
1365 km

A: Er fährt im 1365 km

246 km
− 209 km
037 km

A: Sie unterscheiden sich um 37 km

Das ist wichtig:

1 m = 100 cm
0,5 m = 50 cm
1,5 m = 150 cm
1 cm = 10 mm
0,5 cm = 5 mm

Zentimeter bedeutet: „hundertster Teil eines Meters“ oder „100-mal so klein wie ein Meter“.

Für alle Umwandlungsaufgaben kannst du dir zur Sicherheit eine Stellenwerttafel zeichnen und die Werte der Aufgaben eintragen.

Hier ein Vorschlag für m und cm:

1 m	10 cm	1 cm

Und ein weiterer für cm und mm:

1 cm	1 mm

1 Wandle die folgenden Längenangaben in cm um.

2 m	2,5 m	2,05 m	0,2 m	0,25 m	20 m	20,5 m	20,05 m
200 cm	250cm	205cm	20cm	25cm	2000cm	2050cm	2005cm

2 Wandle die folgenden Längenmaße in m um, indem du die Stellenwerttafel ausfüllst.

300 cm; 30 cm; 3 cm; 155 cm; 105 cm; 501 cm; 51 cm; 510 cm 5cm

0,03m

1 m = 100 cm	10 cm	1 cm	
3	0	0	3,00 m
0	30	0	0,3 m
		3	0,03 m
1	5	5	1,55 m
1	0	5	1,05 m
5	0	1	5,01 m
0	5	1	0,51 m
5	1	0	5,10 m
0	0	5	0,05

3 Verbinde nur gleiche Längen mit Linien.

480 cm	0,23 m
2,3 m	200 cm
0,2 m	4,08 m
23 cm	20 cm
20,3 m	4 m 88 cm
4 m 8 cm	203 cm

4 Wandle die folgenden Angaben in mm um.

4 cm	40 cm	400 cm	4 m	0,4 m	0,04 m
40mm	400m	4000mm	40000mm	400mm	40mm

Realschul-Check

5 Immer das Gleiche! Fülle die fehlenden Werte in der Tabelle aus.

	3 m	300 cm	3 000 mm
+	0,3 m	30 cm	300 mm
Summe	3,3m	330cm	3300 mm

	10 m	1000 cm	10 000 mm
+	1 m	100 cm	1000 mm
Summe	11 m	1100 cm	11000 mm

Das ist wichtig:

Um Längen auszumessen, gibt es für verschiedene Situationen bestimmte **Messgeräte**. Für besonders weite Meterentfernungen im Freien eignet sich ein **Maßband**. Mit dem **Zollstock** (zusammenklappbares, meist 2 m langes Messinstrument) lassen sich Räume gut ausmessen. Ein **Lineal** benutzt man z. B. für Messungen von Linien in Heften oder Büchern.

1 Du möchtest die Länge einiger Gegenstände feststellen. Ordne mit Pfeilen den Gegenständen die Messgeräte zu, die dazu am geeignetsten sind.

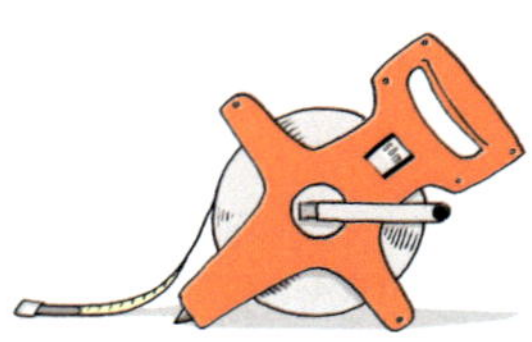

- Länge eines gefällten Baumes
- Länge einer Ameise, die auf einem Foto in Originalgröße abgebildet ist
- Breite eines Fußballplatzes
- die Höhe deines Zimmers
- die Breite deines Rechenheftes
- die Länge deines Klassenraumes

2 Korrigiere die falschen Maßeinheiten.

Sprungbrett im Schwimmbad: 3 cm — deine Korrektur: ____________

Auto: 4,50 mm — deine Korrektur: ____________

Spitzer: 2,5 m — deine Korrektur: ____________

Kästchenbreite im Rechenheft: 5 cm — deine Korrektur: ____________

neuer Bleistift: 15 mm — deine Korrektur: ____________

Wal: 30 cm — deine Korrektur: ____________

3 Wähle angemessene Zahlenangaben.

Hochhaus: 40 m; 400 m; 4 000 m deine Wahl: ___________

10-jähriges Kind: 2,30 m; 1,30 m; 0,13 m deine Wahl: ___________

Marienkäfer: 60 mm; 7 cm; 7 mm deine Wahl: ___________

Maus: 80 mm; 0,8 cm; 14 m deine Wahl: ___________

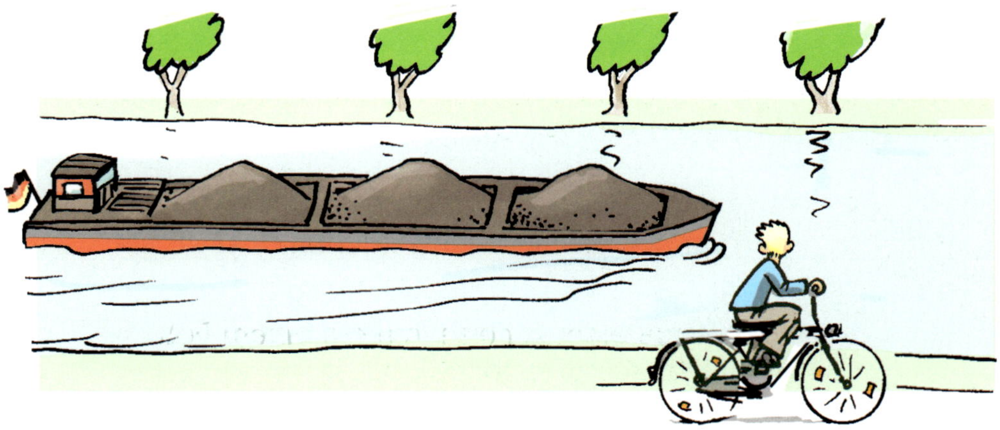

Realschul-Check

4 Unterstreiche in jedem Satz die zutreffende Angabe.

a) Du bist gemütlich mit dem Fahrrad unterwegs und fährst am Flussufer entlang nach Neustadt. Nach einer Stunde bist du fast in Neustadt und hast 17 000 m, 170 000 m oder 170 m geschafft?

b) Ein Schiff überholt dich langsam. Ist es nach einer Stunde 250 000 m, 13 000 m oder 25 000 m weit gekommen?

c) Du überholst einen Wanderer. Ist er nach einer halben Stunde 40 000 m, 12 m oder 2 500 m weit gekommen?

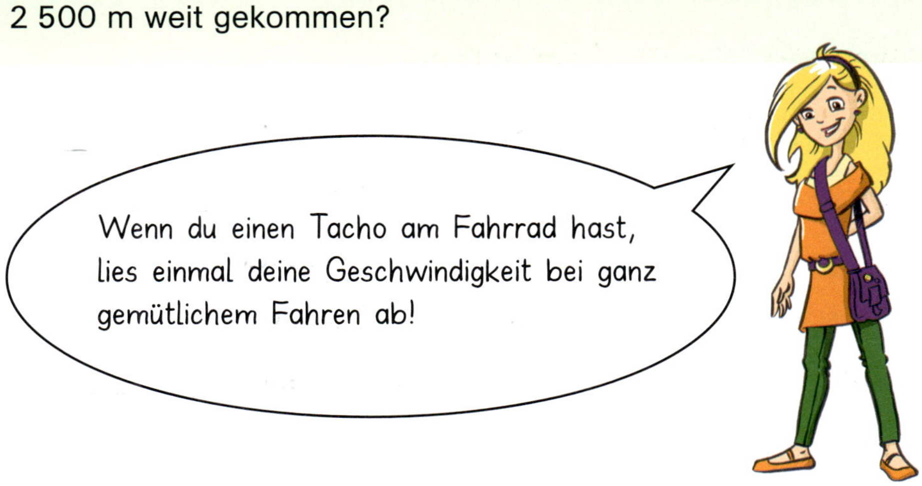

Gewichte: Maßumwandlungen (kg und g)

Das ist wichtig:

- Wie bei Kilometer taucht auch bei den Gewichten mit dem Begriff Kilogramm wieder der Bestandteil **Kilo** auf. Natürlich hat er seine Bedeutung – nämlich 1 000 – auch in diesem Kapitel. Es gilt:

  1 kg = 1 000 g   0,5 kg = 500 g   0,05 kg = 50 g

- Kilogramm und Gramm werden durch das Komma getrennt.
- Lege dir eine Stellenwerttafel an, und überprüfe deine Einträge bei Aufgabe 1, indem du die Tafel mit allen Werten füllst.

kg	100 g	10 g	1 g

1 Fülle die Lücken aus.

4 kg	1 kg		3,5 kg	3,05 kg			1,004 kg
4 000 g		3 000 g			40 g	4 g	

2 Fülle die Lücken aus. Trage zur Überprüfung die Werte auch in die Stellenwerttafel ein.

3 kg 200 g	0 kg 250 g			0 kg 103 g	10 kg 49 g	
3 200 g		7 600 g				
3,2 kg			2,15 kg			5,108 kg

kg	100 g	10 g	1 g
3	2	0	0

3 Wandle in eine Kommazahl um, und verbinde gleiche Gewichte mit Pfeilen.

4 220 g = __________ kg

10 kg 503 g = __________ kg

10 503 g = __________ kg

1 kg 503 g = __________ kg

4 020 g = __________ kg

4 kg 220 g = __________ kg

700 g = __________ kg

20 kg 5 g = __________ kg

2 005 g = __________ kg

0 kg 700 g = __________ kg

Realschul-Check

4 a) Verwandle in g, und addiere alle Gewichte.

8,907 kg | 0,004 kg | 2,455 kg | 9,050 kg

b) Sortiere alle Gewichte nach der Größe.
Beginne mit dem kleinsten Gewicht.

______ kg und ______ g

______ kg und ______ g

______ kg und ______ g

______ kg und ______ g

Das ist wichtig:

- Gewichte ab 1 000 kg werden auch mit der Maßeinheit Tonne (t) versehen.
  Es gilt: 1 t = 1 000 kg 1,5 t = 1 500 kg
- Das Komma trennt t von kg.

1 Fülle die Lücken aus.

2 t	4,500 t	8,050 t	16,005 t				
2 000 kg				3 000 kg	6 500 kg	12 050 kg	24 005 kg

2 Wie viele Kisten kann der Lieferwagen aufladen?

3 Verbinde gleiche Gewichte mit Pfeilen. Trage zur Überprüfung die Werte von der linken Seite in die Stellenwerttafel ein.

26,7 t

1 t 75 kg

1,75 t

26 700 kg

1,075 t

26 t 70 kg

t	100 kg	10 kg	1 kg
26	7	0	0

4 Fülle die Lücken aus!

6,5 t				1,11 t		
6 t 500 kg	10 t 25 kg		1 t 11 kg			0 t 920 kg
6 500 kg		3 804 kg			1 111 kg	

t	100 kg	10 kg	1 kg
6	5	0	0

5 Der Wagen hat 8 Ladungen Sand geliefert.
Wie viel Kilogramm sind das insgesamt?

Antwort: ____

Das ist wichtig:

- Gewichte, die so schwer sind, dass du sie nicht tragen kannst, sind schwierig vorzustellen. Es hilft aber, wenn du die Gewichte mancher Dinge kennst. Dann kannst du vergleichen und besser abschätzen.
- Gewichte, die du tragen kannst, solltest du dir einprägen. Dann kannst du sie gut schätzen, wenn sie zum Beispiel in größeren Mengen auftreten.

1 Ein Schulranzen sollte für dich nicht mehr als 3 kg wiegen. Wie viel Kilogramm hast du dann im Laufe einer Woche (5 Schultage) ungefähr hin- und hergetragen?

Frag einmal deine Eltern, ob sie das ausgerechnete Gesamtgewicht von Aufgabe 1 tragen könnten und wenn ja, ob es viel Mühe bereitet?

2 Ergänze die passenden Maßeinheiten (g, kg, t).

3 Welche 4 Angaben können nicht stimmen? Kreuze sie an.

- ☐ 4 Joghurtbecher könnten 1 000 g wiegen.
- ☐ Ein Paket Papiertaschentücher wiegt ungefähr 2 kg.
- ☐ Ein Bleistift wiegt höchstens 1 g.
- ☐ 1 Brot zu 750 g kann man beim Bäcker kaufen.
- ☐ Mein DIN-A4-Schulheft ist leichter als 5 g.
- ☐ Eine Tüte mit 25 Bonbons wiegt meistens über 3 000 g.
- ☐ Ein Apfel wiegt im Durchschnitt 40 kg.

Realschul-Check

4 Die 12 Kinder einer Pfadfindergruppe wiegen im Durchschnitt 35 kg. Die Brücke, die sie gebaut haben, hält höchstens 400 kg aus. Können alle gleichzeitig darübergehen?

Das ist wichtig:

1 l = 1 000 ml

$\frac{1}{2}$ l (ein halber Liter) = 500 ml = 0,500 l

$\frac{1}{4}$ l (ein viertel Liter) = 250 ml = 0,250 l

Du wirst im Umgang mit Kommazahlen bei Litern viel sicherer sein, wenn du jeder Kommazahl, die weniger als 3 Stellen hinter dem Komma hat, entsprechend viele Nullen (eine oder zwei) hinzufügst. Beispiel: aus 2,25 l machst du 2,250 l und aus 0,5 l machst du 0,500 l.

1 Fülle die Lücken aus.

2 l	3 l	3,500 l	2,250 l	3,750 l	4,5 l	2,5 l	1,5 l
2 000 ml							

2 Fülle die fehlenden Werte in der Tabelle aus.

Bruchzahl	Milliliter	Kommazahl mit 3 Stellen	Kommazahl mit verkürzter Schreibweise
$\frac{1}{2}$ l	500 ml	0,500 l	0,5 l
$\frac{1}{4}$ l			
$\frac{1}{8}$ l			
$\frac{3}{4}$ l			

3 Ordne gleiche Volumen mit Pfeilen einander zu.

0,8 l	$\frac{1}{4}$ l
250 ml	2 300 ml
100 ml	800 ml
2,3 l	0,1 l

4 Überprüfe die Ergebnisse. Rechne.

a) 600 ml + 2 l 400 ml + 300 ml = 3 030 ml richtig ☐ richtig wäre ____________

b) 100 ml + 4,500 l + 4,050 l = 8,650 l richtig ☐ richtig wäre ____________

c) 11,050 l + 9,005 l + 0,020 l = 20 l 75 ml richtig ☐ richtig wäre ____________

d) 40 ml + 400 ml + 4 l = 4 444 ml richtig ☐ richtig wäre ____________

e) 1,2 l + 2,1 l + 300 ml = 3 600 ml richtig ☐ richtig wäre ____________

Realschul-Check

5 Wie viel Milliliter sind in jeder Flasche noch vorhanden? Trage ein.

a)

b)

Das ist wichtig:

Das Komma trennt l und ml. Beim stellengerechten Untereinanderschreiben müssen deshalb die Kommas unbedingt genau untereinanderstehen.

Beispiel: 4,5 l + 0,25 l + 1,055 l

```
  4,500 l
  0,250 l
+ 1,055 l
```

1 Schreibe die Angaben stellengerecht mit Komma untereinander, und addiere sie.

1 l + 10 l + 0,7 l + 1,5 l + 0,1 l

1,000 l

2 a) Wie viel Liter Saft stehen nur noch im Regal?

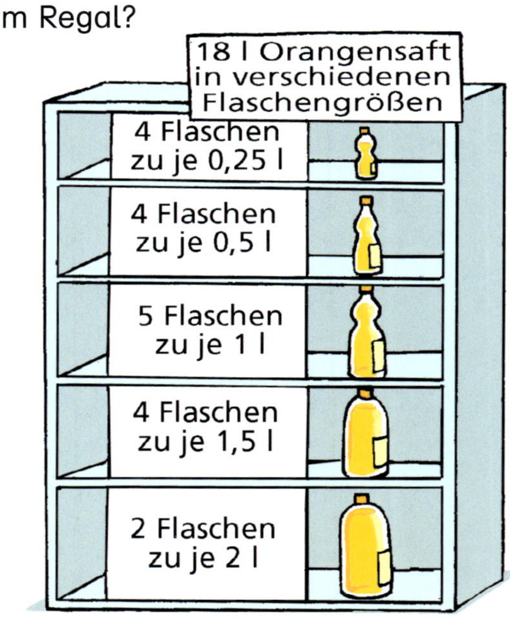

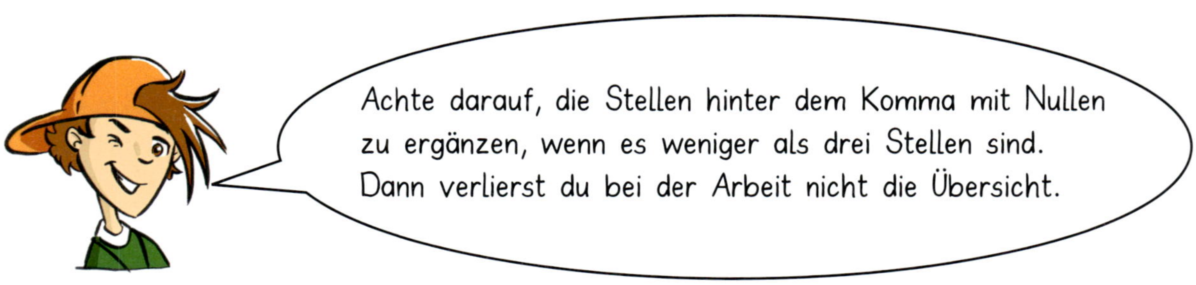

b) Wie viel Liter fehlen von jeder Flaschengröße?

3 a) Fülle die fehlenden Werte in der Tabelle aus.

· 2 (links und rechts der Tabelle, Pfeil von 5 Flaschen zu 10 Flaschen)

5 Flaschen	7,500 l
10 Flaschen	
1 Flasche	
3 Flaschen	
4 Flaschen	
8 Flaschen	
12 Flaschen	

b) Schreibe die Literangaben stellengerecht untereinander, und addiere sie.

Das ist wichtig:

Der Umgang mit Zeitangaben ist nicht einheitlich. Deshalb solltest du dir die folgenden Angaben gut einprägen:

1 Stunde (h) = 60 min
1 min = 60 s
1 Tag hat 24 Stunden.
1 Woche hat 7 Tage.
1 Jahr hat 365 Tage.
Ein Schaltjahr hat 366 Tage.

1 Fülle die Tabelle aus.

Wochen	Tage	h	min
1	7	168	10 080
2			
	28		
8			
	112		
32			
52 = 1 Jahr			

2 Überprüfe die folgenden Behauptungen, und kreuze an.

a) 3 Tage sind 36 Stunden. richtig ☐ falsch ☐
b) 4 Stunden sind 240 Minuten. richtig ☐ falsch ☐
c) 40 Stunden sind 2 400 Minuten. richtig ☐ falsch ☐

3 Fülle die Lücken in diesem Fahrplan aus.

Abfahrt / Departure BB

Wir fahren alle 15 Minuten für Sie!			
Station 1	12.15	12.30	12.45
Station 2	12.25		
Station 3	12.32		
Station 4	12.45		
Station 5	12.49		
Station 6	12.55		
Station 7	13.00		
Station 8	13.06		

Realschul-Check

4 Berechne mithilfe des Fahrplans von Aufgabe 2 die folgenden Fahrzeiten. Lege dir Zahlenstriche als Hilfe an.

a) Station 4 zu Station 6

____

b) Station 3 zu Station 7

____

c) Station 1 zu Station 5

____

d) Station 5 zu Station 8

____

e) Station 2 zu Station 4

____

f) Station 1 zu Station 8

____

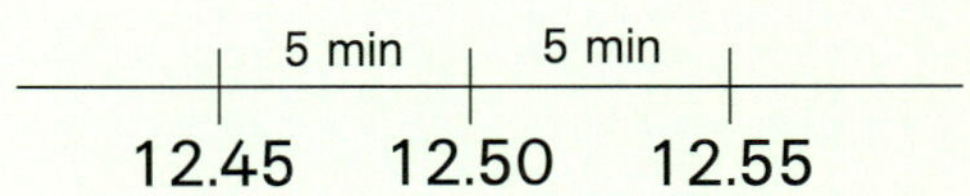

Das ist wichtig:

- Die Geschwindigkeit setzt sich aus zwei Größen zusammen: **Länge einer Strecke** und der **Zeit**. Sie gibt Auskunft, wie viel Meter oder Kilometer z. B. ein Tier oder ein Fahrzeug in einer Sekunde, Minute oder Stunde schafft. Du kennst solche Angaben sicher, wenn du ein Autoquartett besitzt oder einen Fahrradtacho oder wenn du fragst, wie schnell denn gerade euer Auto fährt.
- Wenn man nun verschiedene Geschwindigkeiten miteinander vergleichen will, gibt man sie oft in Kilometer pro Stunde **km/h** an. Sprich für den Schrägstrich immer „pro".

1 Wie schnell (km/h) fährt der Wagen jeweils?

30 km in 30 min	wären 60 km in 60 min	60 km/h
15 km in 10 min	wären ____ km in 60 min	90 km/h
9 km in 5 min	wären ____ km in 60 min	
45 km in 20 min	wären ____ km in 60 min	
160 km in 120 min	wären ____ km in 60 min	

2 Und jetzt umgekehrt.

km/h	Fahrzeit	gefahrene Strecke (km)
70 km/h	$\frac{1}{2}$ h	35 km
48 km/h	20 min	
60 km/h	15 min	
100 km/h	1 h 30 min	
120 km/h	2 h 30 min	
160 km/h	4 h 30 min	

3 Wandle in km/h um.

Jens fuhr mit dem Rad	12 000 m in	30 min	____ km/h
Martin fuhr mit dem Rad	2 000 m in	5 min	____ km/h
Isa fuhr mit dem Rad	3 000 m in	10 min	____ km/h
Björn fuhr mit dem Rad	5 500 m in	15 min	____ km/h
Marisa fuhr mit dem Rad	7 000 m in	20 min	____ km/h
Fatima fuhr mit dem Rad	36 000 m in	120 min	____ km/h

Überlege: 1 h = 60 min! Wenn der ICE in 1 Minute 4 Kilometer fährt, dann legt er in einer Stunde 60-mal so viele Kilometer zurück.

4 Wandle in km/h um.

ICE	4 km/min	240 km/h
Passagierflugzeug	14 km/min	____ km/h
Gepard	2 000 m/min	____ km/h
Formel-1-Rennwagen	6 km/min	____ km/h
Spaziergänger	83 m/min	____ km/h

45 min

Name: Klasse: Datum:

1 Mutter geht den Kassenzettel durch und murmelt:

25 ct | 3,15 € | 5 ct | 7 € | 5,50 € | 49 ct | 49 ct | 1,25 € | 2,5 € | 1,05 €

Was zeigt der Kassenzettel als Endbetrag?
Rechne in deinem Heft, und schreibe eine Antwort.

2 P.

2 Anne behauptet, ihr Schulweg sei 2 km und 706 m lang. Ihr Zwillingsbruder kommt aber auf 2 km 760 m. Prüfe nach, wer recht hat:
vom Haus bis zur Albertstraße sind es 327 m; von der Albertstraße bis zum Kiosk sind es 0,4 km; vom Kiosk bis zur Burgstraße sind es 1 km und 12 m; von der Burgstraße bis zum Supermarkt sind es 809 m; vom Supermarkt bis zur Telefonzelle sind es 88 m; von dort bis zum Schultor sind es 0,070 km.

2 P.

3 Ein Lkw hat 28 Kästen mit je 12 leeren 1-l-Wasserflaschen geladen und 43 Kästen mit je 12 vollen 1-l-Wasserflaschen. Du weißt, dass 1 l Wasser 1 kg wiegt und 1 leere Flasche 35 g. Ein Kasten wiegt 1 kg und 300 g.
Wie viel wiegt die Ladung?

5 P.

4 Wandle alle Angaben in kg als Kommazahlen um, und ergänze sie so, dass sie 3 Stellen hinter dem Komma haben. Addiere zuerst die Angaben, die am Ende eine gerade Zahl haben, und dann alle Angaben, die am Ende eine ungerade Zahl haben.

27 kg 310 g | 9 015 g | 819 g | 8 kg 165 g | 678 g

3 P.

Name: Klasse: Datum:

5 Eine Badewannenfüllung sind 150 l Wasser. Max nimmt wöchentlich 2 Bäder. Und das macht er an 40 Wochen im Jahr, fünf Jahre hintereinander.
Wie viel Liter Wasser verbraucht er dabei?

3 P.

6 Berechne die Zeit unter Berücksichtigung der Fahrplanzeiten und der Fußgängerzeiten. Von zu Hause bis zur Haltestelle „Im Buschfelde“ musst du mit 8 Minuten Fußweg rechnen. Vom Bahnhof „Deutz/Messe“ gehst du zum Messegelände noch einmal 11 Minuten.

Haltestelle	Ankunft	Abfahrt	Anmerkung
Köln, Im Buschfelde	——	8.24 Uhr	
Köln, Bf Lövenich	8.32 Uhr		umsteigen
Köln, Bf Lövenich	——	8.37 Uhr	
Köln, Bf Deutz/Messe	8.53 Uhr		

2 P.

7 Du fliegst genau 2 Stunden und 30 Minuten mit dem Flugzeug, das durchschnittlich 846 km/h schafft. Wie weit kommst du?

3 P.

8 Nach 2 Stunden und 15 Minuten macht Herr Müller eine Fahrpause. Er ist mit einer Durchschnittsgeschwindigkeit von 80 km/h gefahren. Insgesamt will er an diesem Tag 400 km schaffen. Wie viel km hat er noch vor sich?

5 P.

In diesem Test habe ich ☐ Punkte von insgesamt 25 Punkten erreicht.

Das entspricht der Note ☐. (Schau in den Lösungen auf Seite 26 nach).

Das ist wichtig:

Rechenpläne oder Rechenbäume sind sehr hilfreich. Für die Größen- und Zahlenangaben in der Textaufgabe sind im Plan Felder reserviert. In die Kreise gehören die richtigen Rechenzeichen. Das letzte Feld ist für die Lösung vorgesehen.

1 Olaf hat vergessen, wie viel Geld er ursprünglich auf seinem Sparkonto hatte. Gestern hat sein Vater für ihn 227 € für ein Keyboard abgehoben, das Olaf schon länger haben wollte. Nun sind noch 433 € auf seinem Konto. Wie viel Euro hatte Olaf ursprünglich auf seinem Konto?

Rechenbaum:

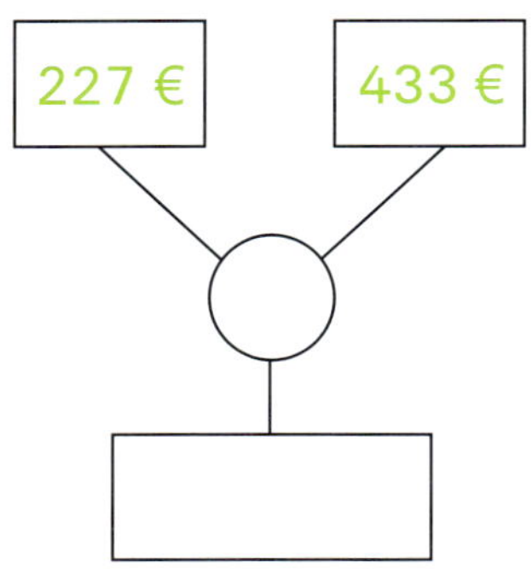

Antwort: ____

____

2 Mira hatte gestern noch 173 € auf ihrem Sparkonto. Heute sind es 243 €, denn ihr Onkel hat ihr zum Geburtstag Geld geschickt. Wie viel Euro hat der Onkel ihr geschenkt? Zeichne einen Rechenbaum, und fülle ihn aus.

Rechenbaum:

Begründe immer für dich, warum du im Plan dieses oder jenes Rechenzeichen benutzt. Gib die Begründung hier schriftlich: Zur Lösung komme ich, wenn ich den Unterschied zwischen 243 € und 173 € berechne. Also benutze ich das ____________-Zeichen.

Antwort: ____

____

3 Katrin hat in ihrer Sammelkiste schon 26 Muscheln gesammelt. Sandra schenkt ihr weitere 18. Frau Müller bringt ihr aus dem Urlaub 23 schöne Muscheln mit. Wie viel Muscheln hat Katrin nun insgesamt?

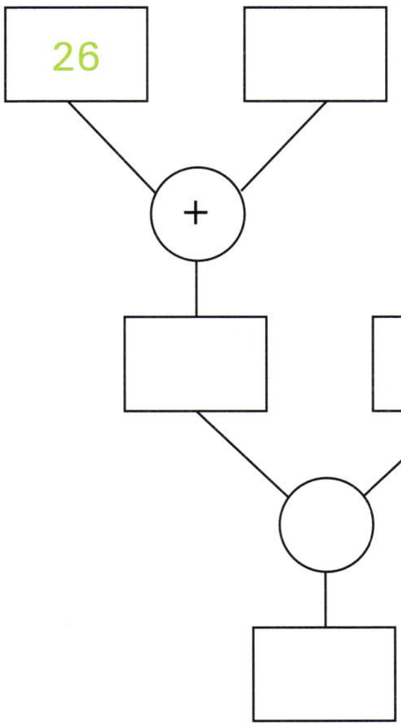

Antwort: ______________________________

____

Realschul-Check

4 Patrick sammelt Fußballbilder. Weil er Geburtstag hat, schenkt ihm Jonas 25 Stück. Lara bringt ihm 15 Bilder mit, und sein Vater gibt ihm doppelt so viele wie Jonas und Lara zusammen. Wie viele Bilder bekommt Patrick von seinem Vater?

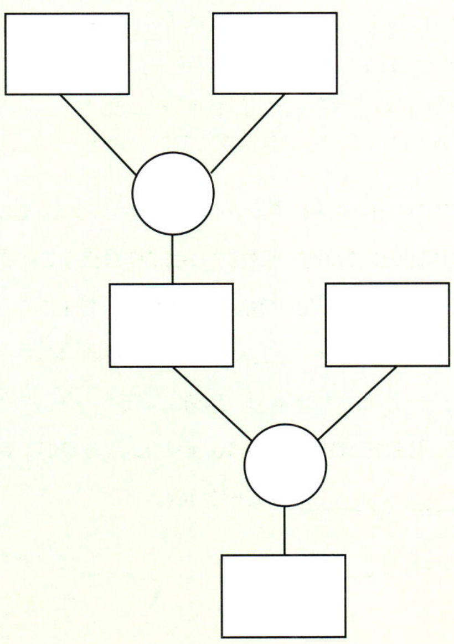

Antwort: ______________________________

____

Das ist wichtig:

An **Diagrammen** oder **Schaubildern** kannst du z. B. Umfrageergebnisse leicht ablesen. Auf diesen Seiten kommen **Säulen-** und **Balkendiagramme** vor. Eine sinnvolle Einteilung von Rechenkästchen oder die Benutzung eines Lineals ist wichtig für die Erstellung von Diagrammen. Um Werte richtig zuordnen und ablesen zu können, musst du die Pfeile an den Diagrammachsen beschriften.

1 a) Lea hat im Unterricht gelernt, dass Trinkpäckchen eine Menge Müll verursachen, und deshalb Flaschen zum Umfüllen umweltfreundlicher sind. Die Kinder stellten in der Schule durch eine Umfrage fest, wie viele Trinkpäckchen an einem Tag getrunken werden. Hier ist das Ergebnis:

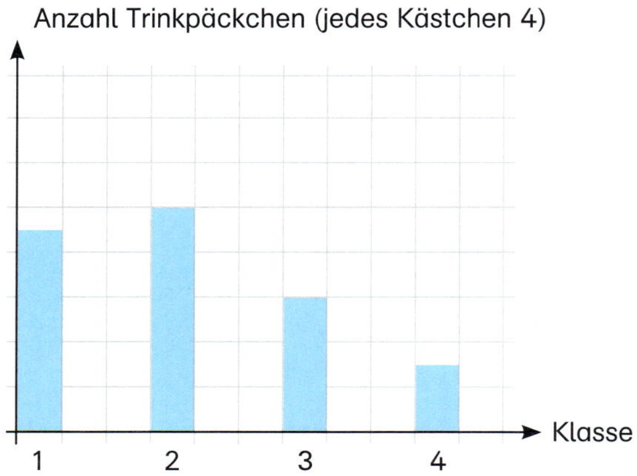

Frage: Wie viele Trinkpäckchen wurden am Tag der Umfrage verbraucht?

Rechnung: ______________________________

Antwort: ______________________________

____

b) Nach Abschluss der ersten Umfrage ergab eine neue Umfrage folgende Ergebnisse: In den 1. Klassen hatten 8 Kinder noch je ein Trinkpäckchen, in den 2. Klassen waren es auch 8, in den 3. Klassen waren es 2 und in den 4. Klassen 6 Kinder. Erstelle ein Säulendiagramm.

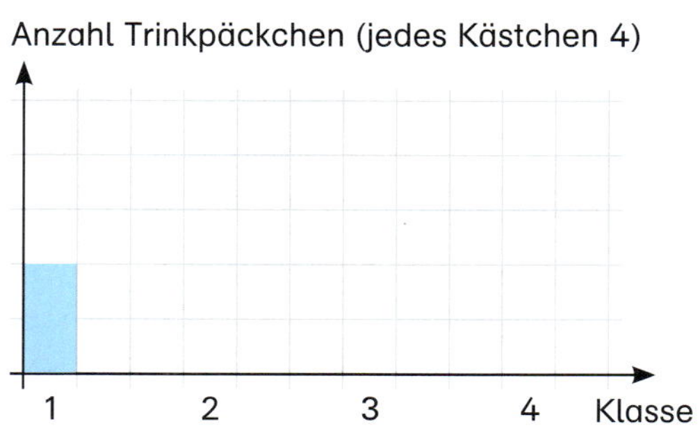

2 Wie viele Autos wurden letzte Woche in der Parkstraße gezählt? Lies die Werte aus dem Balkendiagramm ab, und fülle die Tabelle aus.

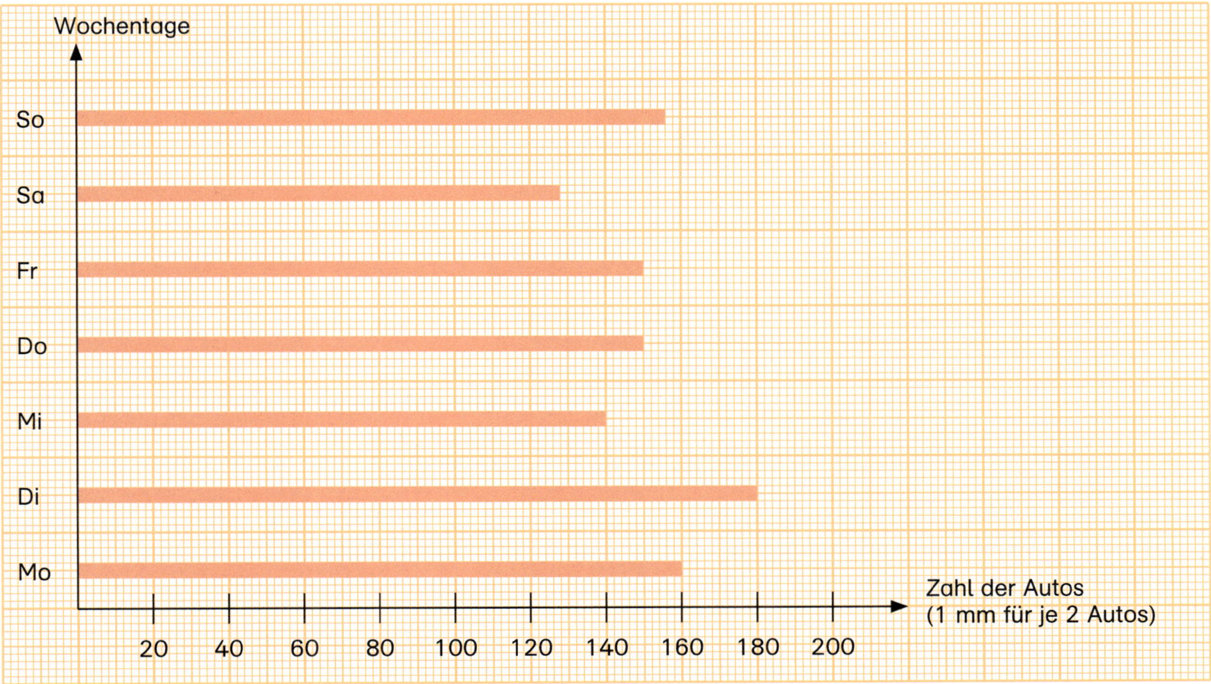

Mo	Di	Mi	Do	Fr	SA	So
160						

Realschul-Check

3 Tim möchte wissen, wie sich die Schülerzahlen an seiner Schule in den letzten Jahren entwickelt haben. Vom Rektor erhält er folgende Auskunft: 2004 gab es 186 Kinder, 2005 waren es 180 Kinder, 2006 dann 194 Kinder, 2007 gab es 192 Kinder und 2008 waren 206 Kinder an der Schule. Führe Tims Balkendiagramm zu Ende. Benutze dabei ein Lineal.

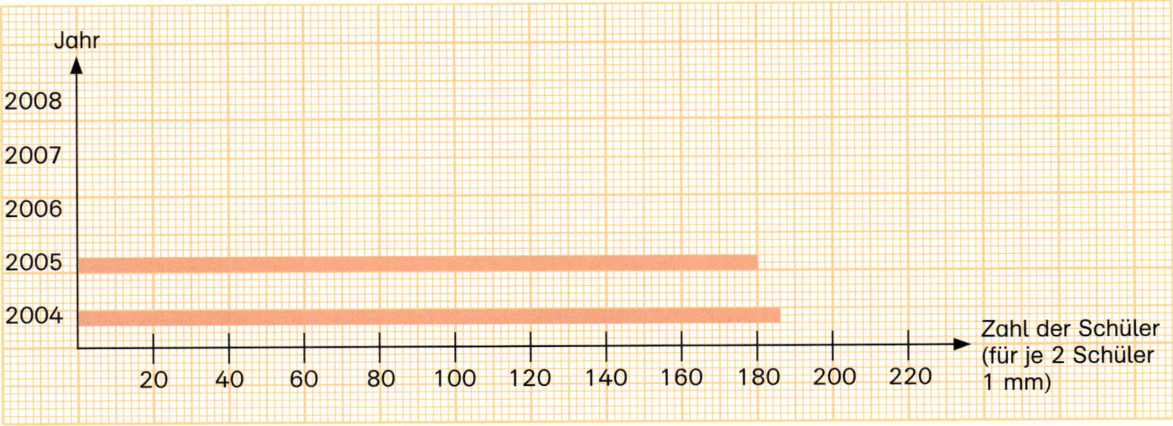

Das ist wichtig:

Rechenaufgaben entstehen meist aus einer **Geschichte** heraus. Und wenn du die Geschichte kennst, macht das Lösen für dich auch mehr Sinn, als einfach nur zu rechnen. Deshalb sollst du hier einmal Geschichtenerfinder sein und Aufgabentexte selbst schreiben.

1 Welcher der folgenden Texte passt zu dieser Aufgabe?

$$\begin{array}{r} 2006 \\ -\quad 43 \\ \hline \end{array}$$

a) Vater hat 2006 € auf seinem Konto. Er hebt 43 € ab. Wie viel Euro sind nun noch auf seinem Konto?
b) Ines will wissen, in welchem Jahr ihr Vater geboren wurde. Der gibt ihr aber nur den Tipp, sein Alter von der jetzigen Jahreszahl 2006 abzuziehen.
c) Tom überlegt: „Mein Vater ist jetzt 43 Jahre alt. In welchem Jahr ist er doppelt so alt?“
d) Im Jahr 2006 findet Vater auf seinem Dachboden ein Fotoalbum. „1963“ steht darauf. Wie alt ist es?

Antwort: ______________________________

Das ist wichtig:

Achte darauf, dass die Zahlenangaben im Text und in der Rechnung auch eine **Größenangabe** haben (€, kg, m, usw.). Sie müssen übereinstimmen. Beispiel: 15 Jahre ist etwas anderes als 15 €.

2 Welcher der folgenden Texte passt zu dieser Aufgabe?

$$\begin{array}{r} 15{,}00\ € \\ 6{,}00\ € \\ +\quad 0{,}50\ € \\ \hline \end{array}$$

a) Ninas ältere Schwester ist 15 Jahre alt, ihr Bruder 6 Jahre alt. Nina selbst hat 50 Cent. Wie viel ist das zusammen?
b) Klaus kauft für seine Pfadfinderausrüstung eine Taschenlampe für 15 € und Batterien für 6 €. Der Verkäufer gibt ihm die Taschenlampe um 50 ct billiger.
c) Anna kauft mit ihrer Mutter im Lebensmittelladen für 15 € ein, beim Metzger für 6 € und am Kiosk sucht sie sich einen Kaugummi für 50 ct aus. Wie viel Euro gaben die beiden insgesamt aus?

Antwort: ______________________________

3 Welcher Aufgabentext passt zu dem Rechenbaum?

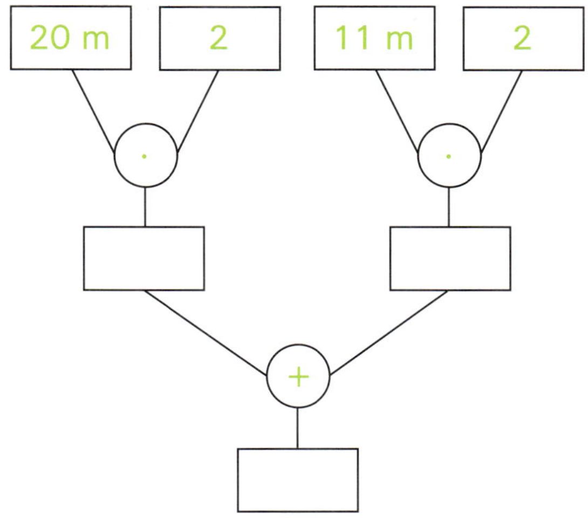

a) Vater möchte einen neuen Zaun um sein rechteckiges Gartengrundstück. Es ist 20 m lang und 4 m breit. Wie viel Meter Zaun benötigt er?
b) Vater möchte einen neuen Zaun um sein rechteckiges Gartengrundstück. Es ist 20 m lang und 11 m breit. Wie viel Meter Zaun benötigt er?
c) Vater möchte einen neuen Zaun um sein Gartengrundstück. Es ist 20 m lang und quadratisch. Wie viel Meter Zaun benötigt er?

Antwort: ____

4 Frau Schmidt rechnet: 4 · 0,59 € = 2,36 €; 2 · 3,49 € = 6,98 €;
2,36 € + 6,98 € = 9,34 €
20 € – 9,34 € = ? €.
Welcher Aufgabentext passt zur Rechnung?

a) Frau Schmidt kauft für 9,34 € ein. Jetzt hat sie noch 20 €.
b) Frau Schmidt kauft vier Joghurtbecher zu je 0,59 € und zwei Kisten Wasser zu je 3,49 € ein. Sie zahlt mit einem 20-Euro Schein. Wie viel Geld erhält sie zurück?

Das ist wichtig:

- Aufgabentexte, die keine Frage haben, fordern dich heraus, aus einem Text eine Mathematikaufgabe zu bilden.
- Achte deshalb auf **Zahlen-** und **Größenangaben**. Wenn es um eine bestimmte Größenangabe geht, nimm sie mit in deine Frage auf. Rechnen kannst du nur mit den Angaben, die im Text stehen.

1 Als Anni ihre Freundin Britta besuchen will, kommt sie 6 Minuten zu spät an der Haltestelle an. Die Busse fahren alle 20 Minuten.

Damit dir der Anfang nicht so schwerfällt, findest du hier den Beginn von Fragen, die du benutzen kannst. Vielleicht hast du dir ja selbst schon etwas Ähnliches ausgedacht, als du den Aufgabentext gelesen hast:

Wie viele Minuten muss Anni auf den …?
In wie viel Minuten fährt …?

Frage: ______________________________

____

Rechnung: ______________________________

Antwort: ______________________________

2 Max und Andy haben am Samstag einen Kinonachmittag geplant. Max' Vater spendiert die Karten und bringt die Kinder auch zum Kino.

Frage: Wie viel Euro … ______________________________

____

Rechnung: ______________________________

Antwort: ______________________________

3 Frau Welter besucht mit den 23 Kindern ihrer Klasse kurz vor Ferienbeginn das Museum für Römische Geschichte in der Stadt. Für 11 Uhr hat sie einen Führungstermin vereinbart. Für die Lehrerin ist die Führung kostenlos.

Museum für Römische Geschichte

Eintrittspreise

Erwachsene:	3,50 €
Kinder:	2,00 €

Schulklassen aus dem Stadtgebiet haben freien Eintritt.

Führung pro Person: 1,00 €

Frage: ______________________________

____

Rechnung: ______________________________

Antwort: ______________________________

Realschul-Check

4 Welche Frage passt zu folgender Aufgabe?
Max sammelt Fußballbilder. Er hat noch 2 € von seinem gesparten Geld übrig. Ein Tütchen kostet 60 ct.

a) Wie viele Fußballbilder fehlen Max noch?
b) Wie viele Tütchen kann Max von seinem Taschengeld kaufen?
c) Soll Max sich noch weitere Tütchen kaufen?

Antwort: ______________________________

Das ist wichtig:

Bei der schriftlichen Multiplikation darfst du die Faktoren vertauschen. Wenn du zwei Faktoren mit unterschiedlich vielen Stellenwerten hast, kannst du dir Rechengänge sparen, wenn du die kleinere Zahl als zweiten Faktor nimmst. Beispiel: $34 \cdot 5$.

1 a) Der Trainer besorgt für seine Fußballmannschaft, bei der auch Tim mitspielt, für das anstrengende Fußballturnier in der nächsten Woche 16 Kästen Wasser mit je 6 Flaschen. Wie viele Flaschen sind das insgesamt?

Rechnung:

Antwort: ______________________________

b) Er bezahlt pro Kasten insgesamt 3,90 €. Wie viel kostet dann eine Flasche?

Rechnung:

Antwort: ______________________________

Die Lösung der Aufgabe fällt dir vielleicht leichter, wenn du den Betrag in Cent umwandelst.

c) Für jede leere Flasche gibt es 8 ct Pfand. Wie viel Pfand erhält der Trainer nach Rückgabe der Kästen?

Antwort: ______________________________

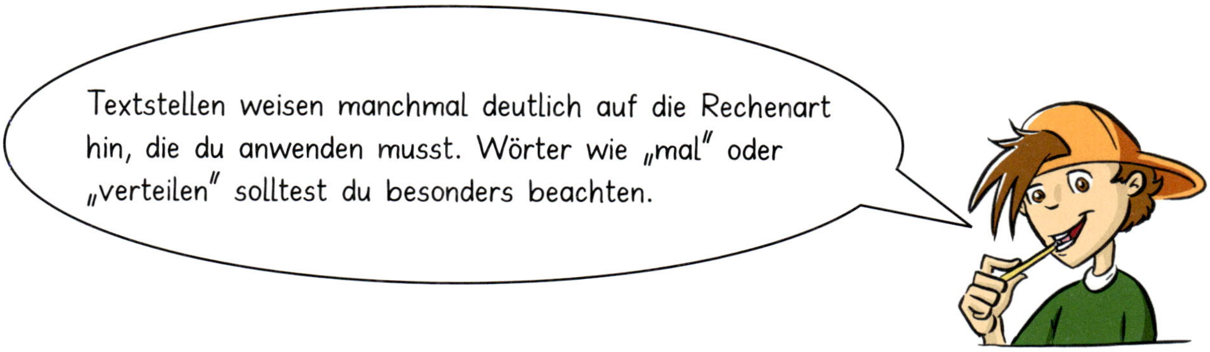

2 Beim Training sollen 9 der Fußballkids den Ball in einer vorgegebenen Zeit so oft wie möglich hochköpfen. Schließlich zählt der Trainer insgesamt 153 Kopfbälle. Wie viele wären das für jedes Kind, wenn man die Kopfbälle gleichmäßig verteilen würde?

Rechnung:

Antwort: ______________________________

Realschul-Check

3 Auf dem Schulfest nahm die Klasse 4a 378 € ein.
Das Geld reicht ungefähr für die Fahrt der Klasse in ein Freilichtmuseum. Da die ganze Schule diesen Ausflug ins Freilichtmuseum plant, muss insgesamt 12-mal so viel Geld aufgebracht werden.

Frage: ______________________________

____

Rechnung:

Antwort: ______________________________

____

Das ist wichtig:

Bleibt bei einer Divisionsaufgabe ein Rest, so notiere ihn hinter dem Ergebnis mit der Abkürzung **R** oder dem Wort **Rest**.
Beispiel: 232 : 5 = 46 **R** 2 (oder 46 **Rest** 2).

1 Stefanie will ihre Pferdebildersammlung an ihre 3 Freundinnen verteilen. Sie hat 256 Bilder. Wie viele Bilder bekommt jedes Mädchen?

Rechnung:

Antwort: ______________________________

____

2 1 038 Eintrittskarten wurden für die nächsten 4 Vorstellungen des Stadttheaters verkauft. Können in jeder Vorstellung gleich viele Besucher sein?

Rechnung:

Antwort: ______________________________

____

3 Vater muss für sein neues Auto noch 4 280 € monatlich in 8 gleich großen Raten abzahlen. Wie viel muss er pro Monat bezahlen?

Überschlag: ____________ : 8 = __________

Rechnung mit Probe:

Antwort: ____

Realschul-Check

4 Es sollen 2 760 Fernsehzeitungen an 9 Geschäfte ausgeliefert werden. Alle Läden sollen gleich viele Zeitungen erhalten. Wenn Zeitungen übrig bleiben, sollen sie dem letzten Laden zukommen. Wie viele Zeitungen erhält jeder Laden?

Überschlag: ____

Rechnung:

Antwort: Die ersten 8 Läden bekommen ______________________________

____

Das ist wichtig:

- Beim schriftlichen Addieren und Subtrahieren von Geldbeträgen stehen die Kommas als Trennzeichen von Euro und Cent **immer genau** untereinander.
- Bei Beträgen, die kleiner sind als ein Euro, steht vor dem Komma eine 0, z. B. 0,52 €.
- Bei glatten Euro-Beträgen werden die Cent-Stellen hinter dem Komma mit Nullen oder manchmal mit einem Strich aufgefüllt, z. B. 5,00 € oder 5,– €. Auch bei einem Kassenbon ist das so. Überzeuge dich selbst.

1 Nina geht mit ihrer Mutter einkaufen. Zu Hause nimmt sie sich den Kassenbon vor und will einmal nachrechnen, ob die „Kasse“ auch richtig addiert hat. Sie findet die Beträge: 3,89 €; 1,05 €; 0,49 € und 6-mal den Betrag 1,20 €. Die Summe ist 12,63 €.

Lebensmittel	3,89 €
Lebensmittel	1,05 €
Lebensmittel	0,49 €
Schreibwaren	1,20 €
Schreibwaren	1,20 €
Schreibwaren	1,20 €
Schreibwaren	1,20 €
Schreibwaren	1,20 €
Schreibwaren	1,20 €
Summe	12,63 €

Rechnung:

Antwort: Die Kasse hat ________________ addiert.

2 a) Als Nina am nächsten Tag allein einkaufen geht, hat sie 2 Brötchen zu je 0,23 €, ein Paket Butter zu 1,19 € und 2 Päckchen Kaugummi zu je 0,50 € gekauft. Schreibe die Beträge – wie auf einem Kassenbon – untereinander, und addiere sie. Was muss Nina bezahlen?

Rechnung:

Antwort: ______________________________

b) Nina bezahlt mit einem 10-Euro-Schein. Wie viel Rückgeld erhält sie? Rechne das schriftlich aus.

Rechnung:

Antwort: ______________________________

____

____

3 Martin muss seine Buntstifte für die Schule ergänzen. Er braucht insgesamt 7 Stifte. Einer kostet im Schreibwarenladen 0,54 €. Wie viel muss er bezahlen?

Überschlag: ______________________________

Rechnung:

Antwort: ______________________________

____

____

Das ist wichtig:

Achte in den Texten auf Fachbegriffe wie **Länge, Höhe** und **Breite**. Größenangaben können manchmal auch als ausgeschriebenes Wort vorkommen!

1 km = 1 000 m $\frac{1}{2}$ km = 0,500 km = 500 m   1 m = 100 cm

1 Rebecca, Manuel und Carsten machen eine Fahrradtour zum Wiesensee. Rebecca holt Manuel ab. Er wohnt 3 500 m weit von ihr entfernt. Gemeinsam fahren sie die 2 km zu Carstens Haus. Von dort sind es noch 4 km und 350 m bis zum Wiesensee.

a) Wie viel Kilometer und Meter fährt Rebecca insgesamt, wenn sie den gleichen Weg wieder zurückfährt?

Wandle vor der schriftlichen Addition oder Subtraktion alle Größen in eine Einheit um. Am besten wählst du Meter, weil dann das Komma beim Rechnen wegfällt.

Rechnung:

Antwort: Rebecca fährt insgesamt _____ km und _____ m.

b) Wie viel Kilometer und Meter fährt Manuel insgesamt?

Rechnung:

Antwort: Manuel fährt insgesamt _____ km und _____ m.

2 Die 4b hat ihren Schulhof ausgemessen. Er ist rechteckig. Die Kinder fanden heraus, dass er 68 m lang und 32 m breit ist.

a) Wie viel Zentimeter sind das jeweils?

Rechnung:

Antwort: ____

____

b) Das Beet an der Längsseite des Schulhofes soll mit 34 cm langen Steinplatten vom Schulhof abgegrenzt werden. Wie viele Steinplatten sind nötig?

Deine Überlegung, z. B. eine Skizze:

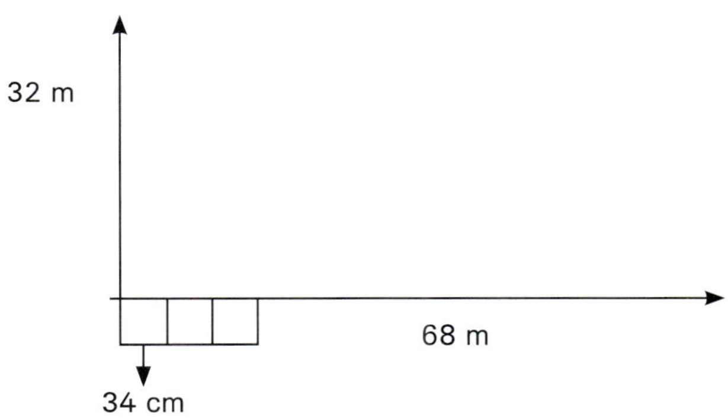

Antwort: ____

Textaufgaben: Rechnen mit Gewichten

Das ist wichtig:

1 t = 1 000 kg   1 kg = 1 000 g   0,5 kg = $\frac{1}{2}$ kg = 500 g

Die erste Ziffer hinter dem Komma nennt die 100-g-Teile. Wenn es keine 10-g-Teile und keine 1-g-Teile gibt, kannst du sie als Nullen aufschreiben oder weglassen. Meistens wirst du die Schreibweise ohne Nullen finden.

Beispiel: 1,6 kg = 1 kg und 600 g
oder 1,6**00 kg**

1 Verena will wissen, wie schwer die Einkaufstasche ist, die sie trägt. Zu Hause schreibt sie untereinander auf, welche Gewichte auf den Packungen aufgedruckt sind: 4 Becher Joghurt zu je 125 g; 3 Tafeln Schokolade zu je 100 g; 250 g Butter und 1 Tüte Fruchtgummi zu 60 g.

a) Das Gewicht der Verpackungen und der Tasche beträgt 400 g. Wie viel Gramm hat Verena getragen?

Rechnung:

Antwort: ______________________________

b) Wie viel Kilogramm sind das? Wandle um.

____

Antwort: ______________________________

2 Ferdi hat im Garten seines Opas 15 reife Pfirsiche vom Baum gepflückt. Im Durchschnitt wiegt jeder 115 g. Wie viel kg und g wiegen dann alle zusammen?

Rechnung:

Antwort: ____

3 Ein Lkw lädt 8 Paletten mit Steinen für den Bau eines Hauses ab. Zusammen wiegen die Paletten 12 t. Wie viel t und kg wiegt eine Palette?

Anzahl der Paletten	8	4	2	1
Gewicht in t und kg	12 t 0 kg			

Antwort: ____

Realschul-Check

4 Vier Lkw transportieren die Einzelteile eines Fertighauses. Jeder hat gleich viel geladen. Zusammen sind es 28 t. Wie viel kg transportiert jeder Lkw? Fülle die Tabelle aus.

Anzahl der LKW	4	2	1
Gewicht in kg			

Antwort: ____

Das ist wichtig:

1 l = 1 000 ml   0,5 l = $\frac{1}{2}$ l = 500 ml   0,25 l = $\frac{1}{4}$ l = 250 ml

1 Lina füllt das Babytrinkfläschchen ihrer kleinen Schwester mit $\frac{1}{4}$ l Wasser und stellt es offen in die Sonne. Nach 3 Stunden liest sie an der Skala 237 ml ab.

Wie viel ml Wasser sind verdunstet?

umwandeln: ______________________________

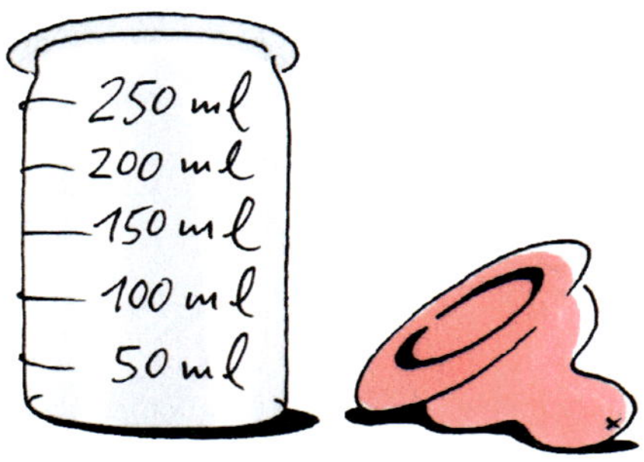

Rechnung:

Antwort: ______________________________

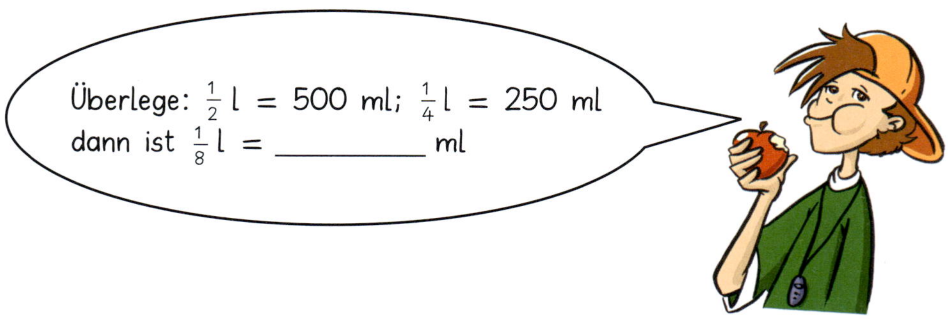

2 Für ihren Lieblingskuchen benötigt Mutter $\frac{1}{8}$ l Milch. Alle 5 Familienmitglieder mögen ihn so gerne, dass es zu jedem Geburtstag einen gibt. Wie viel ml Milch verbraucht Mutter im Jahr für ihre Kuchen?

umwandeln: ______________________________

Rechnung:

Antwort: ______________________________

____

3 Für Marisas Geburtstagsparty hat ihre Mutter 1 l Orangensaft, 1 l Apfelsaft, 1 l Mineralwasser und eine Menge Trinkgläser, die jeweils 250 ml fassen können, bereitgestellt. Wie viele Gläser können mit den Getränken gefüllt werden?

umwandeln: ______________________________

Getränkemenge in ml	250	1 000 (= 1 l)	3 000 (= 3 l)
Anzahl der Gläser	1		

Antwort: ______________________________

____

Realschul-Check

4 Iris trinkt in der Schule jeden Tag $\frac{1}{2}$ l Mineralwasser.
Wie viel Liter und Milliliter trinkt sie an 5 Schultagen?

Rechnung:

Antwort: ______________________________

Das ist wichtig:

1 Stunde (h) = 60 min

Bei der Arbeit mit Zeitspannen können dir ein Zahlenstrich als Skizze oder Tabellen oft eine wertvolle Hilfe sein.

1 Clara und Marc wollen sich um 15 Uhr vor dem Kino treffen. Clara braucht 16 Minuten bis dahin, Marc 22 Minuten. Wann muss jeder losgehen, um pünktlich zu sein?

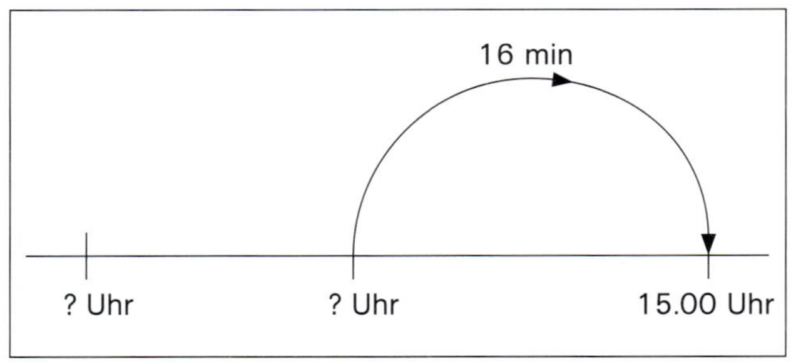

Deine Überlegung:

____

____

Antwort: ______________________________

____

2 Familie Grünwald macht einen Ausflug zur Talsperre. Sie fahren um 9.15 Uhr von zu Hause los. Unterwegs machen sie 20 Minuten Pause. Sie treffen um 11.05 Uhr an ihrem Ausflugsziel ein.

a) Wie lang ist die reine Fahrzeit zur Talsperre?

Rechnung mit oder ohne Zahlenstrich:

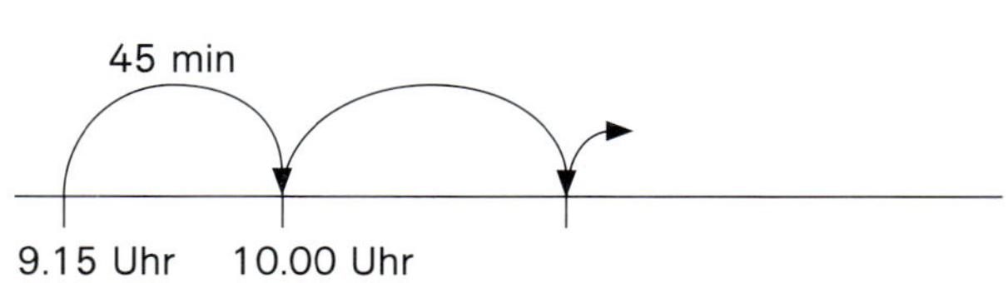

Antwort: ______________________________

b) Herr Grünwald fuhr durchweg 60 km pro Stunde.
Wie viel Kilometer ist dann die Talsperre von zu Hause entfernt?

Deine Überlegung: ______________________________

____

____

Antwort: ______________________________

3 a) Es ist 14.00 Uhr. Kalle will in einer Stunde bei Martin sein.
Zur Halterstelle braucht er sechs Minuten. Nach zwei Stationen kann er vor Martins Haustür aussteigen. Wann muss Kalle losgehen, wenn er bis 15.00 Uhr bei Martin sein will?

Teil des Fahrplans, der für Kalle wichtig ist:

Hier steigt Kalle ein.	**Hauptstraße**	14.17 Uhr	14.27 Uhr	14.37 Uhr	14.47 Uhr
	Blumenstraße	14.25 Uhr	14.35 Uhr	14.45 Uhr	14.55 Uhr
Hier steigt Kalle aus.	**Kornstraße**	14.34 Uhr	14.44 Uhr	14.54 Uhr	15.04 Uhr

Rechnung: ______________________________

Antwort: ______________________________

____

b) Nach der Feier nimmt er die Bahn um 18.32 Uhr.
Wann kommt er in der Hauptstraße an?

Rechnung: ______________________________

Antwort: ______________________________

Das ist wichtig:

Oft ist es nicht möglich, die Lösung einer Textaufgabe mit nur einer Rechnung zu finden. Das hast du bei der einen oder anderen Aufgabe sicher schon festgestellt. Wenn du den Aufgabentext aber sorgfältig liest, kannst du oft Signalwörter entdecken, die dir die Rechenarten verraten, die du anwenden musst. Beispiele sind: **insgesamt** für +, **aufgeteilt** für :, **mal** für · oder **abgeben** für –.

1 Herr Stürmer bestellt dreimal pro Monat für seinen Kiosk je 40 Kästen Mineralwasser. Und zweimal im Monat je 30 Kästen Limonade. Wie viele Getränkekästen bekommt er insgesamt in einem Monat?

Rechnung:

Antwort: ______________________________

____

____

____

2 Um Fenstergriffe in einem Neubau zu montieren, sind pro Fenster 4 spezielle, rostfreie Schrauben nötig. Für die großen Fenster kauft er 52 Schrauben, für die kleineren 68 Schrauben. Wie viele Fenster befinden sich insgesamt in dem Neubau? (Unterstreiche zuerst noch ein weiteres Signalwort im Text.)

Rechnung:

Antwort: ______________________________

3 Maria, Sandra und Claudia messen sich, um ihre Größen festzustellen und miteinander zu vergleichen. Claudia ist 1,31 m groß, 4 cm größer als Sandra und 2 cm kleiner als Maria. Wie groß ist jedes Mädchen?

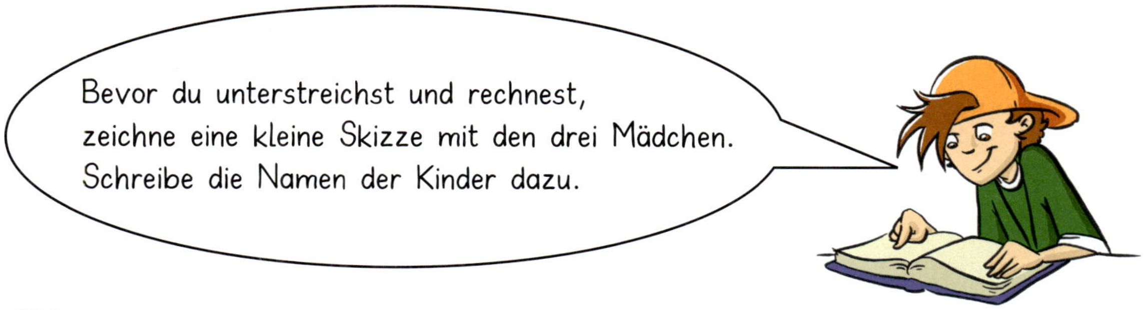

Deine Skizze:

Claudia, 1,31 m

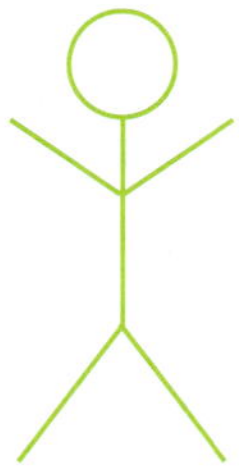

Sandra, ____

Maria, ____

Rechnung:

Antwort: ____

Realschul-Check

4 Katrin und Marc sind zusammen 21 Jahre alt.
Marc ist 3 Jahre jünger als Katrin. Wie alt sind die beiden?

Rechnung: ____

____

____

____

Antwort: ____

____

Das ist wichtig:

- Wenn in einer Textaufgabe ein Zahlenwert gesucht wird, der über eine Anzahl von Rechenoperationen zu finden ist, kannst du ihn über ein **Pfeilbild** ermitteln.
- Dabei ordnest du Kästchen für Zahlenwerte im Wechsel mit Pfeilen für die Rechenoperationen an. Meist kannst du ein Kästchen am Anfang oder Ende des Pfeilbildes mit einem Wert aus dem Text ausfüllen und die passende Operation über den Pfeil schreiben. Je nachdem, in welche Richtung der Pfeil zeigt (deine Rechenrichtung), musst du **Operation** oder **Umkehroperation** anwenden. Die Umkehroperation zur Addition ist die Subtraktion, die zur Multiplikation die Division.

1 Bei einer CD wurde zweimal der Preis gesenkt. Zuerst um 1,99 € und dann um 1,79 €. Jetzt kostet sie 16,12 €. Wie viel Euro hat sie ursprünglich gekostet?

Fülle die leeren Kästchen aus. Schreibe auch die passende Rechenoperation unter den grauen Umkehrpfeil.

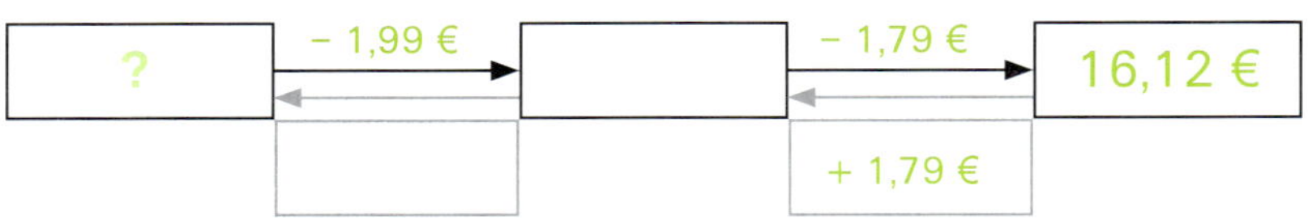

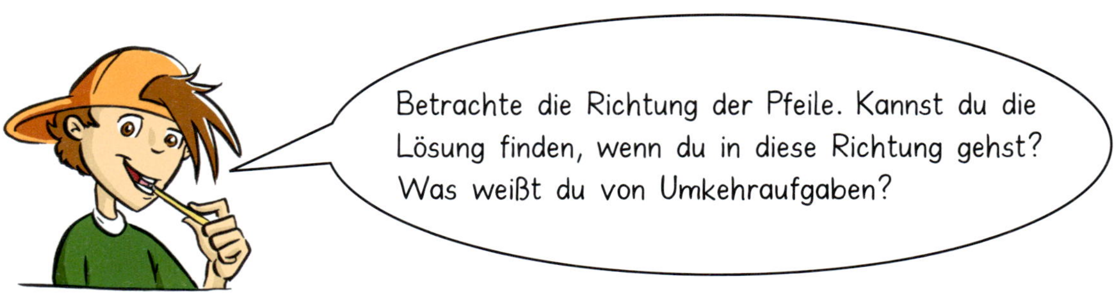

Rechnung: ______________________________

Antwort: ______________________________

2 Manuel hat aus Würfeln einen Turm gebaut. Dann hat er die oberen 16 Würfel abgenommen, aber wieder 7 Würfel aufgesteckt. Jetzt ist sein Turm 43 Würfel hoch. Aus wie vielen Würfeln bestand er ursprünglich?

Finde die Lösung der Gleichung, indem du die Umkehrpfeile richtig beschriftest und rechnest.

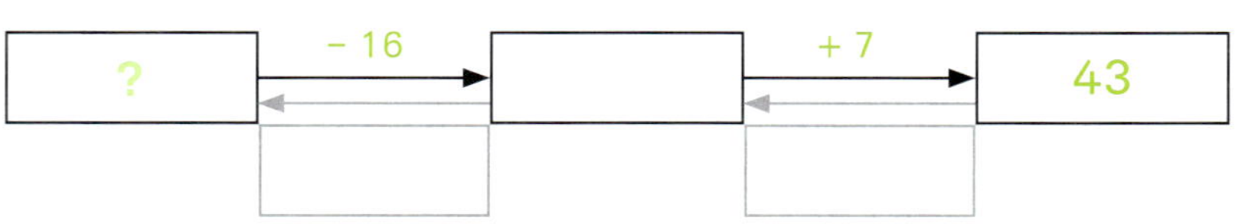

Rechnung: ______________________________

Antwort: ______________________________

3 Anitas kleine Schwester hat jetzt 17 Gummibärchen vor sich liegen und sagt: „Ich habe zuerst acht wieder in die Tüte zurückgetan. Dann habe ich noch einmal drei zurückgetan, aber zum Schluss habe ich mir wieder fünf herausgenommen.“ Wie viele Gummibärchen hatte die Schwester ursprünglich vor sich liegen?

? —(− 8)→ ☐ → ☐ → 17

Rechnung: ______________________________

Antwort: ______________________________

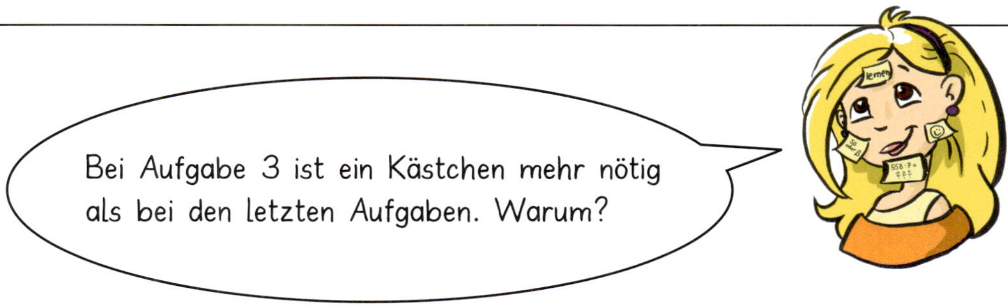

4 Iris' Vater hat ihr aus seinem Betrieb ein langes Seil mitgebracht. Die Hälfte des Seiles schenkt sie ihrer Freundin. 120 cm schneidet sie für ihre Schwester ab. Nun ist das Seil noch 240 cm lang. Wie viel Zentimeter war es ursprünglich lang?

? → ☐ → ☐

Rechnung: ______________________________

Antwort: ______________________________

Realschul-Check

5 Sebastian sagt: „Ich habe mir eine Zahl überlegt. Wenn du zu dieser Zahl 16 addierst und danach das Ergebnis durch 3 dividierst, erhältst du 18. Wie heißt die Zahl, die ich mir überlegt habe?“

? → ☐ —(: 3)→ 18

Das ist wichtig:

- Wenn es darum geht, Vergleiche anzustellen, dann ist eine Tabelle oft hilfreich. Schreibe neben der **Tabelle** auf, welchen **Rechenschritt** du vornimmst, um zum nächsten Wert zu kommen.
- Bedenke, dass du auf jeder Seite die gleiche Rechenoperation durchführen musst. Die Menge der Schritte kannst du selbst bestimmen.

1 Kim geht mit ihrer Mutter einkaufen und überlegt, was wohl die anderen Packungen Joghurt kosten. Dort fehlen noch die Preisschilder.

Fülle die Lücken aus, und schreibe die Antwort auf.

	Joghurt (g)	Preis (€)	
	800	2,40	
800 g : 4	200		2,40 € : 4
800 g + 200 g			2,40 € + 0,60 €

Antwort: ______________________________

2 a) Wenn Familie Schroeder in Urlaub fährt, versorgt der Großvater gerne deren Papagei. Der bekommt jeden Tag als Hauptfutter 70 g Körner. 1 kg Futter kostet 3,00 €. Wie viel Euro kostet das Futter für 10 Tage?

Deine Überlegung:

Futter (g)	Preis (€)
1 000	3,00
100	
700	

Antwort: ______________________________

b) Wie viel kostet das Hauptfutter für den Papagei im Jahr (365 Tage)?
Brauchst du alle leeren Zeilen der Tabelle noch oder kommst du früher schon ans Ziel?

Tage	Preis (€)
10	2,40
100	
300	

Antwort: ____

3 Herr Reber überlegt, wie viel Geld er bei dem Sonderangebot spart, wenn er 800 g Schokolade kauft.

Schoko (g)	Preis (€)
100	0,88
200	

Antwort: ____

____

Name: Klasse: Datum:

1 Das Kindertheater ist heute bis auf 18 Plätze ausverkauft. Insgesamt gibt es 135 Plätze. Es sind 86 Kinder da. Wie viele Erwachsene sind im Theater?

4 P.

2 Markus bekommt von Onkel Hans 25 € und von seiner Tante 15 € zum Geburtstag geschenkt.
Seit 8 Wochen spart er außerdem sein Taschengeld von je 2,20 € pro Woche.

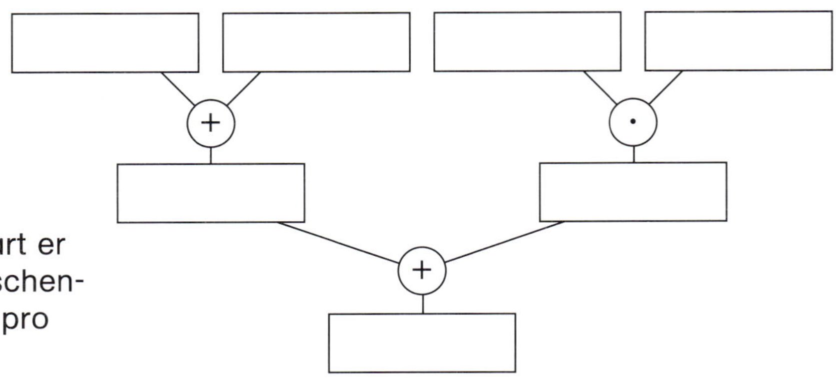

Fülle den Rechenplan aus.

3 P.

3 Tanjas Mutter besucht seit 7 Jahren zweimal pro Woche den Kurs für Aqua-Gymnastik. Er findet wegen der Ferien und Feiertage nur an 39 Wochen im Jahr statt. Wie viele Male hat sie den Kurs schon besucht?

3 P.

4 Pro Tag werden in der Fabrik 13 440 Gläser mit Waldbeergelee gefüllt. Die Bänder laufen 8 Stunden. Wie viele Gläser sind das pro Stunde?

2 P.

5 Gaby addiert die Preise, die sie bei den Einkäufen ihrer Mutter findet. Sie wandelt alle Preise in Cent um:

52 ct + 108 ct + 269 ct + 5 ct + 132 ct + 14 ct + 79 ct

1,32 € 10,80 € 0,14 € 0,50 € 2,69 € 0,79 € 0,52 €

Doch Gaby sind beim Umwandeln 2 Fehler unterlaufen. Berichtige sie, schreibe alle Centbeträge untereinander, und addiere sie. Wandle das Ergebnis in Euro um.

4 P.

Name: Klasse: Datum:

6 Ein Reisebus darf 44 Personen aufnehmen. Bei der Konstruktion wurde von einem Durchschnittsgewicht von 75 kg pro Person ausgegangen. Jede Person darf außerdem 20 kg Gepäck mitnehmen. Wie viel Tonnen darf der Bus dann befördern?

3 P.

7 Max misst: Eine Schnecke legt in 10 Sekunden eine Strecke von 2 cm zurück. In wie viel Minuten und Sekunden hätte sie 1 m geschafft?

5 P.

8 Miras Meerschweinchen hat vor 1 Woche zuerst 24 g zugenommen. Dann verlor es 16 g. An den nächsten 3 Tagen nahm es jeweils um 4 g zu. Am nächsten Tag waren es wieder 9 g weniger. Heute wiegt es 1 023 g. Wie viel wog es vor einer Woche? Erstelle ein Pfeilbild.

5 P.

9 Was ist günstiger? Lege 2 Tabellen an und vergleiche.

5 P.

In diesem Test habe ich ☐ Punkte von insgesamt 34 Punkten erreicht.

Das entspricht der Note ☐. (Schau in den Lösungen auf Seite 33 nach).

1 Fülle die Tabelle aus.

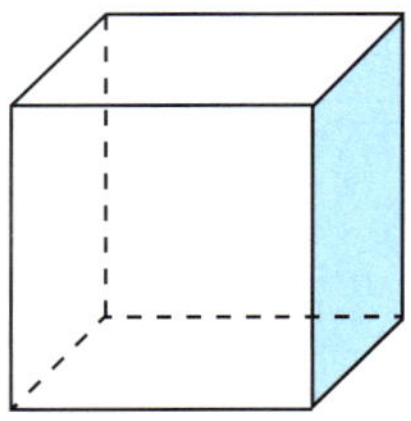
Würfel

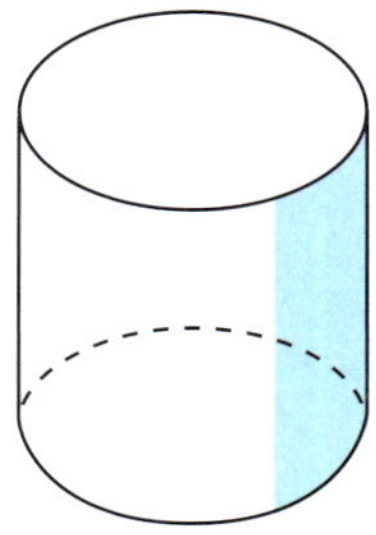
Zylinder

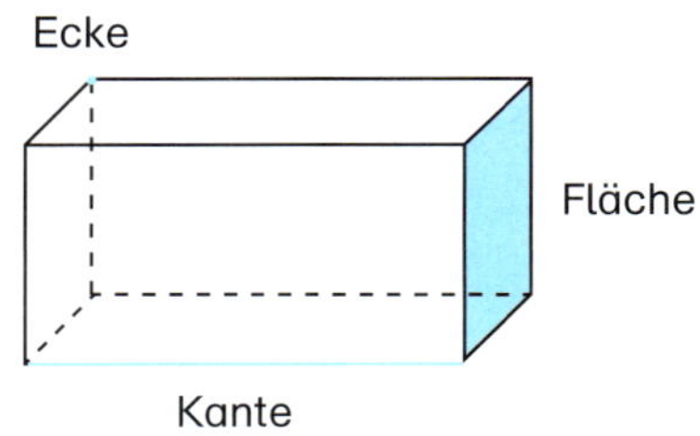

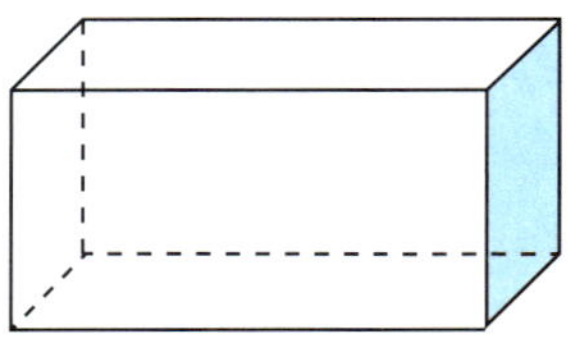
Quader

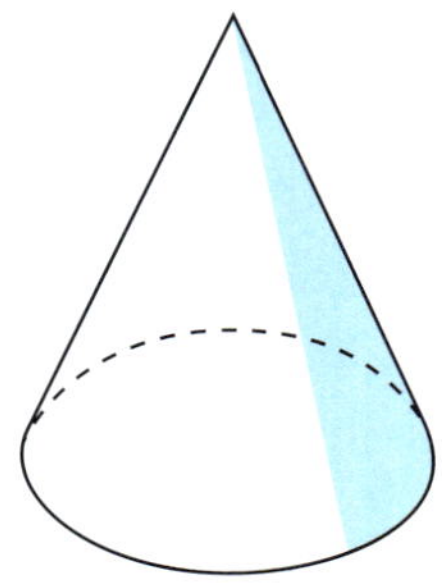
Kegel

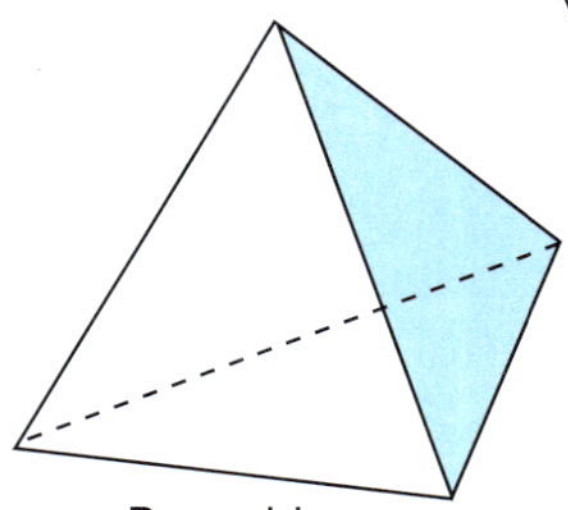
Pyramide

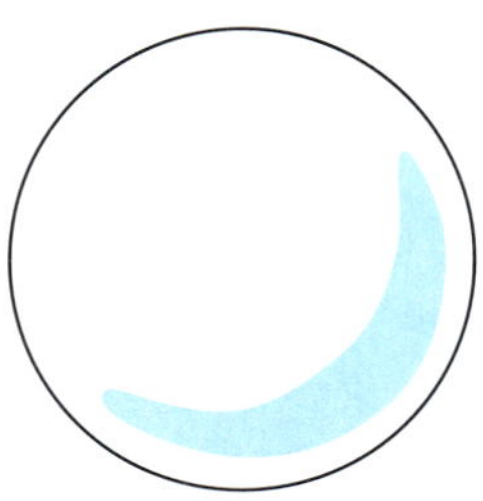
Kugel

Anzahl	Würfel	Quader	Zylinder	Kugel	Pyramide	Kegel
Ecken			0			
Kanten			2			
Flächen	6					

2 Trage möglichst viele Gegenstände aus deiner Umwelt ein, die folgenden geometrischen Körpern entsprechen:

Würfel	Quader	Zylinder	Kugel	Pyramide	Kegel
	Schwamm	Stift	Ball		

Das ist wichtig:

Wenn du einen würfelförmigen Kasten aufschneidest und die Flächen flach auslegst, erhältst du ein **Würfelnetz**.

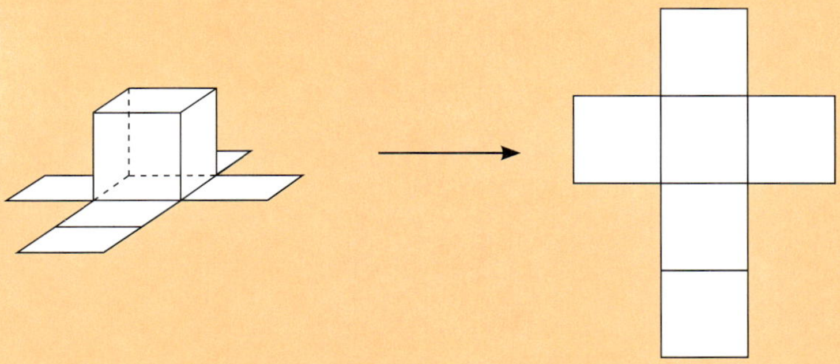

3 Welches ist ein Würfelnetz? Kreuze an.

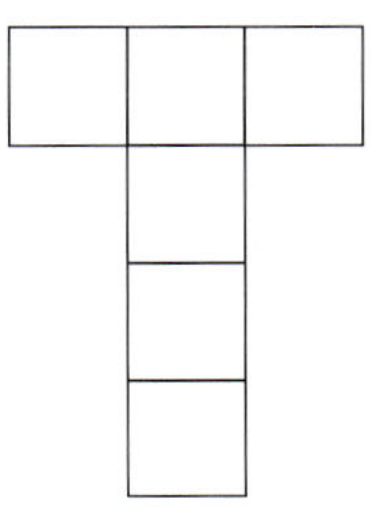

A ☐

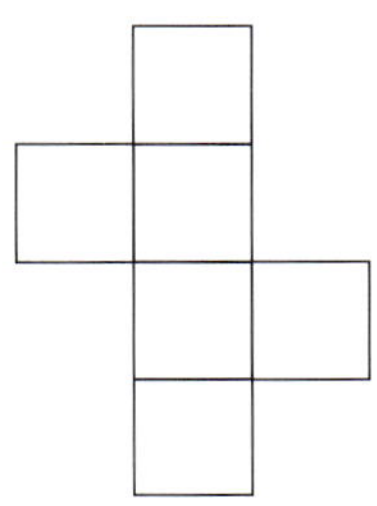

B ☐

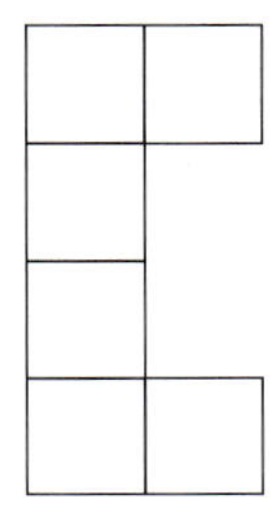

C ☐

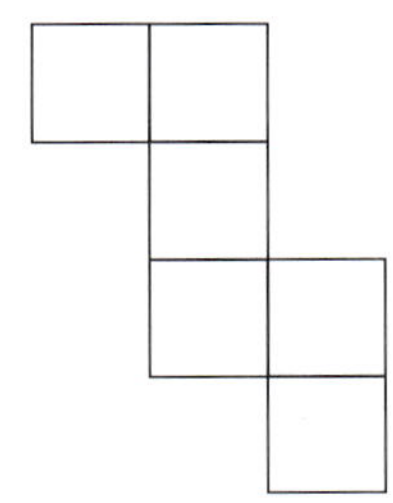

D ☐

Realschul-Check

4 Übertrage diese Netze auf Karopapier (am besten etwas vergrößert), und füge Klebefalze an deine Zeichnungen. Wohin gehören sie? Schneide die Netze aus, und falte sie zu einem Würfel.

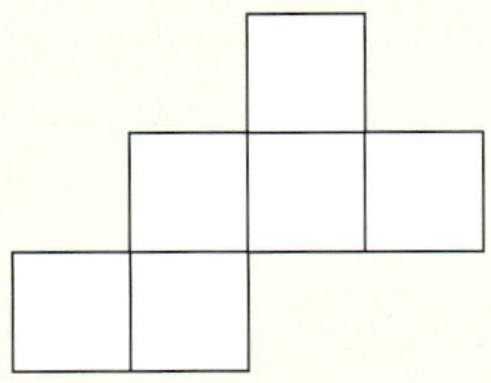

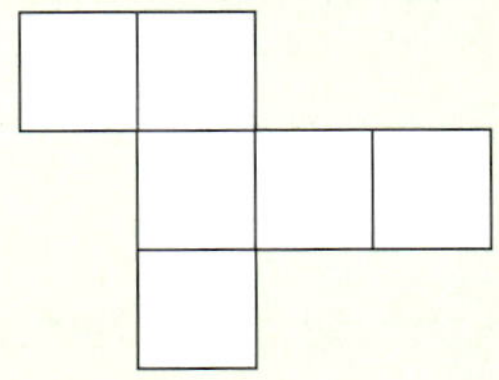

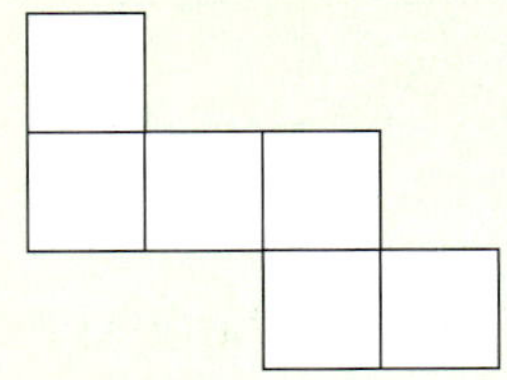

Das ist wichtig:

- Wenn du einen quaderförmigen Kasten aufschneidest und die Flächen flach auslegst, erhältst du ein **Quadernetz**.

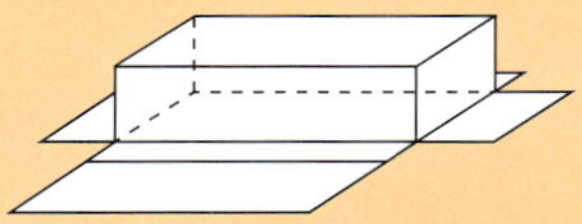

- Dies gilt auch für andere Körper. Bei einer Pyramide erhältst du ein Pyramidennetz, bei einem Zylinder ein Zylindernetz usw.

1 Welche Netze gehören zu den Quadern? Verbinde.

A

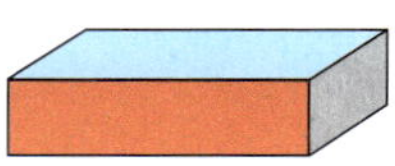

B

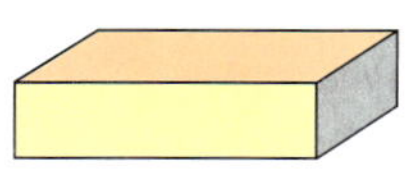

C

D

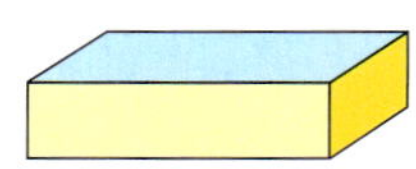

1

2

3

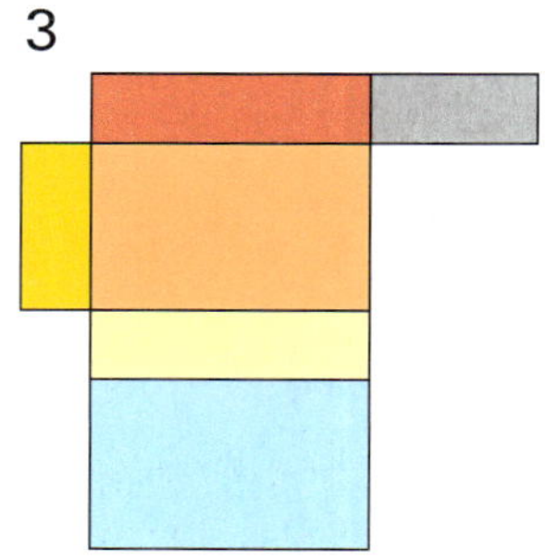

4

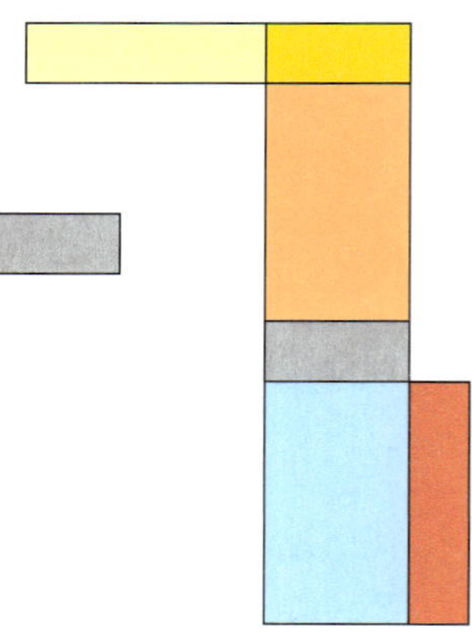

2 Zeichne die Schnittfläche, die entsteht, wenn ein Quader aus Knete an der gestrichelten Linie durchgeschnitten wird.

A

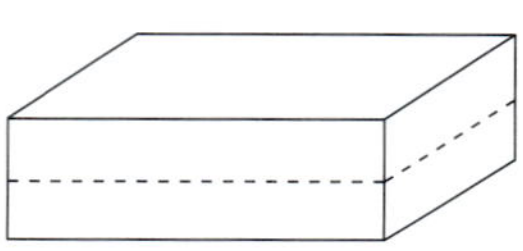

B

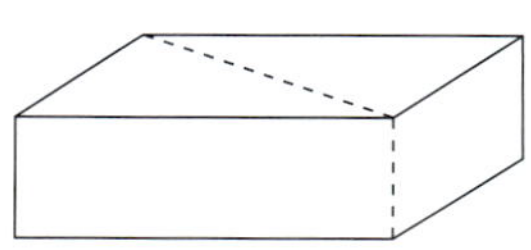

C

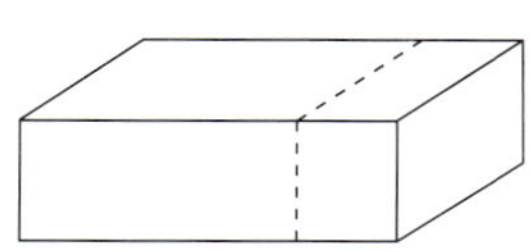

3 Welches Netz gehört zu welchem Körper? Verbinde, und schreibe die richtigen Bezeichnungen unter die Körper.

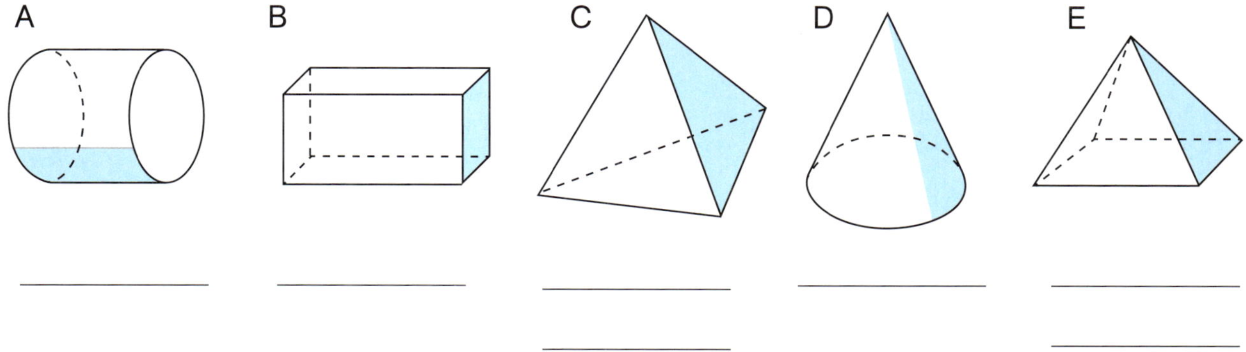

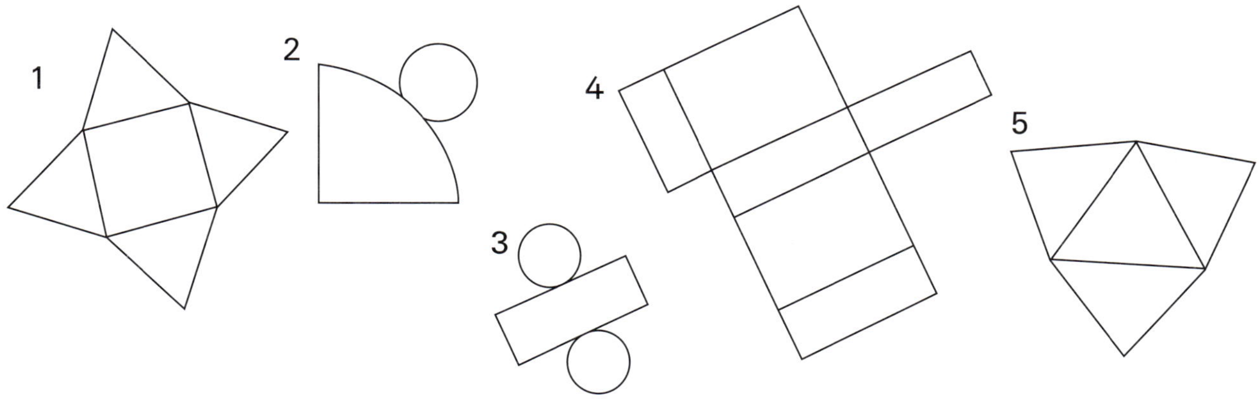

Realschul-Check

4 Je zwei Teile gehören zu einem Quadernetz.
Welche sind es? Verbinde.

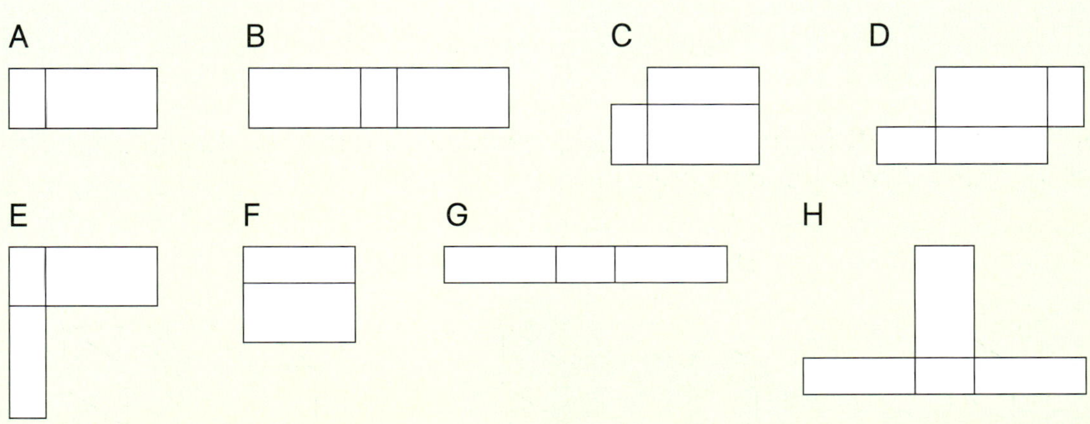

Das ist wichtig:

- Wenn du z. B. ein Rechteck so vergrößerst, dass du jede Seite doppelt so lang zeichnest, hast du im Maßstab 2 zu 1 (geschrieben 2 : 1) vergrößert.
- Umgekehrt kannst du die Figur im Maßstab 1 : 2 verkleinern.
- Der **Maßstab** gibt also an, wie viele Male etwas vergrößert oder verkleinert wurde.

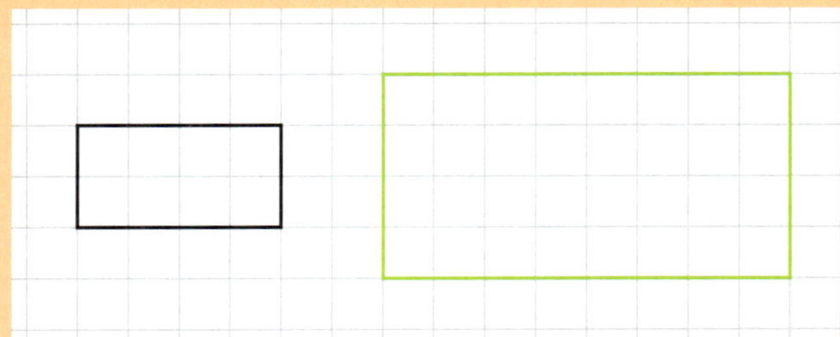

1 Vergrößere die Figuren im Maßstab 2:1.

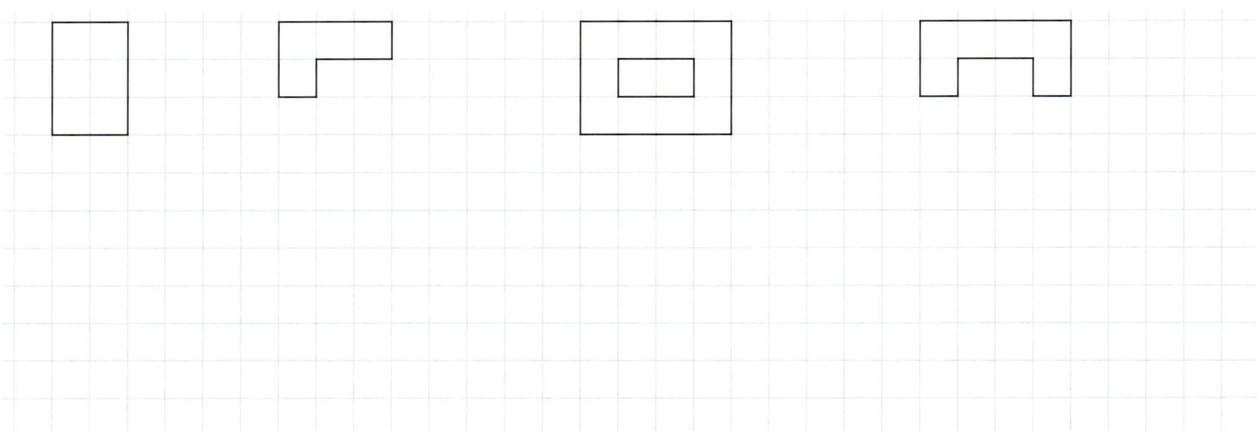

2 Vergrößere die Buchstaben im Maßstab 3:1. Das bedeutet, dass sie dreimal so groß sein müssen.

3 Verkleinere die Figuren im Maßstab 1:3

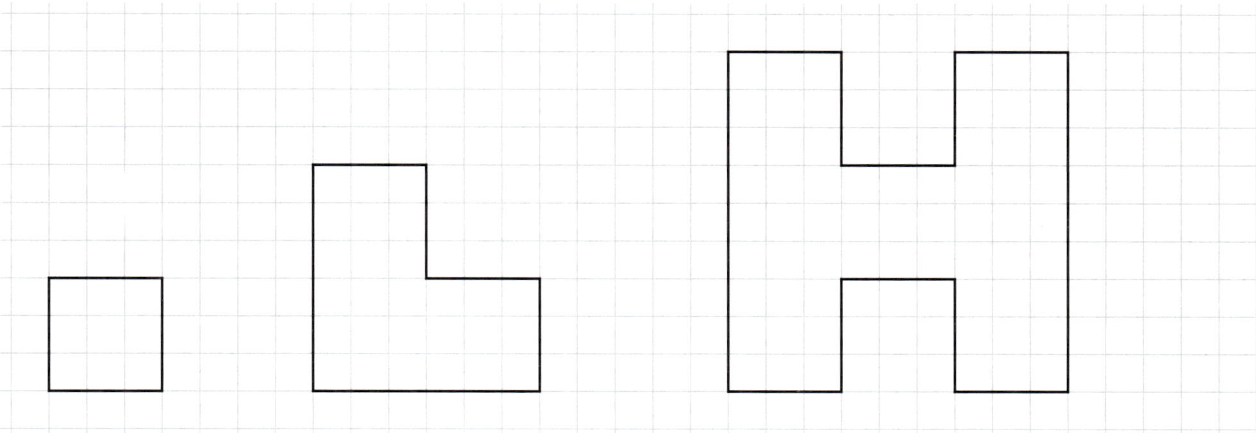

4 Verkleinere die Buchstaben im Maßstab 1:2.

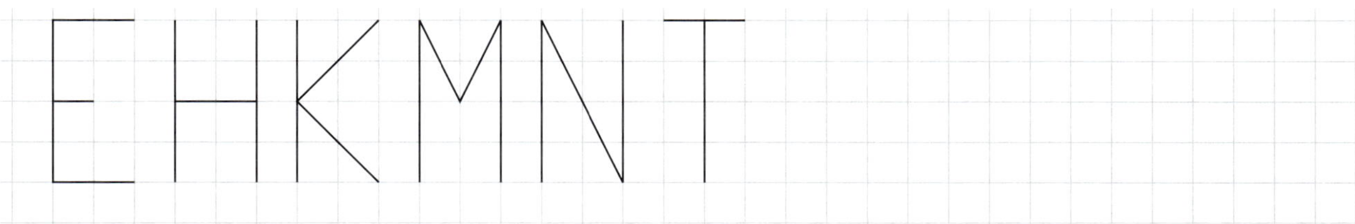

Realschul-Check

5 Die Tiere sind im Maßstab 1:100 verkleinert.
1 cm im Bild sind 100 cm in Wirklichkeit. Miss die Strecken von Hinterteil bis Stirn sowie zwischen Schulter und Fuß aus, und berechne, wie groß die Tiere in Wirklichkeit sind.

Länge des Ohres beim Elefanten:
gemessen: **1,5 cm**
in Wirklichkeit: 2 cm · 100 = 150 cm
150 cm = **1,5 m**

Elefant

Strecke von Hinterteil bis Stirn gemessen: ________ in Wirklichkeit: ________

Strecke von Schulter bis Fuß gemessen: ________ in Wirklichkeit: ________

Kuh

Strecke von Hinterteil bis Stirn gemessen: ________ in Wirklichkeit: ________

Strecke von Schulter bis Huf gemessen: ________ in Wirklichkeit: ________

Das ist wichtig:

Ein **Quadrat** ist ein Viereck, dessen Seiten alle gleich lang sind. Die Ecken eines Quadrates sind rechte Winkel. (Auf Seite 114/115 „Senkrechte und rechter Winkel“ kannst du nachlesen, was das genau ist.)

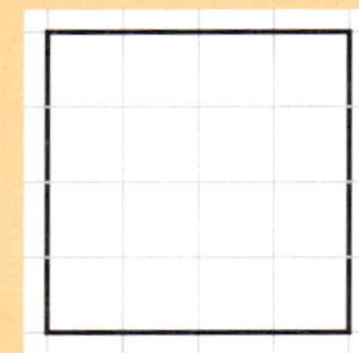

1 Je zwei Figuren lassen sich zu einem Quadrat zusammensetzen. Verbinde die passenden Figuren. Es kann sein, dass die Figuren gedreht sind.

Beispiel:

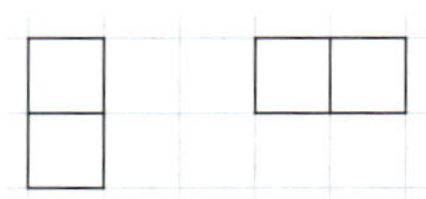

Wenn du die rechte Figur drehst, siehst du:

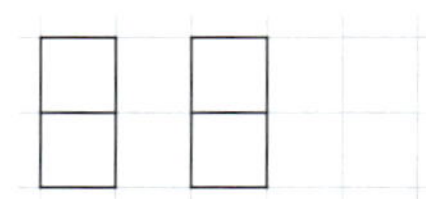

Beide Figuren ergeben zusammen ein Quadrat.

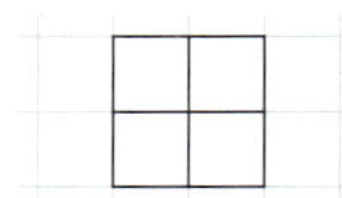

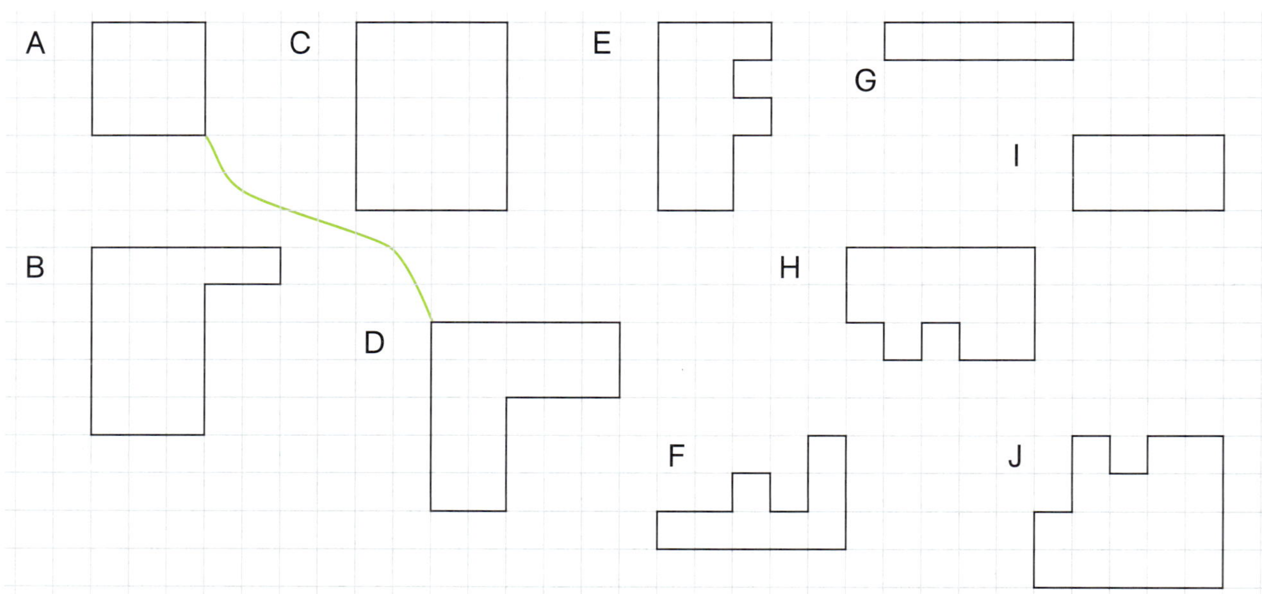

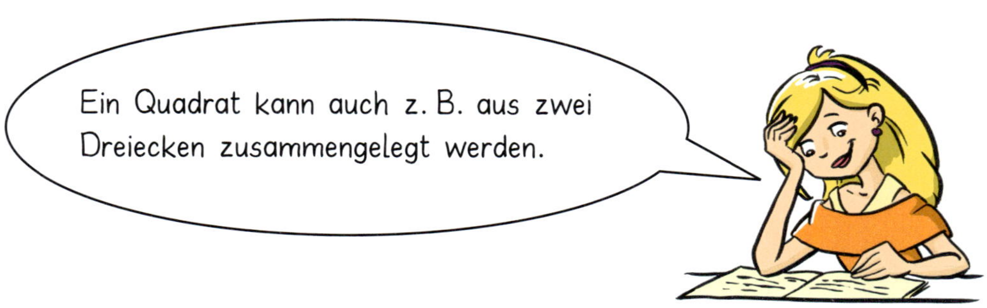

2 Hier wurden Quadrate aus Papier von Ecke zu Ecke durchgeschnitten. Manche Quadrate sind ganz geblieben. Wie viele Quadrate brauchst du, um diese Figuren zu legen?

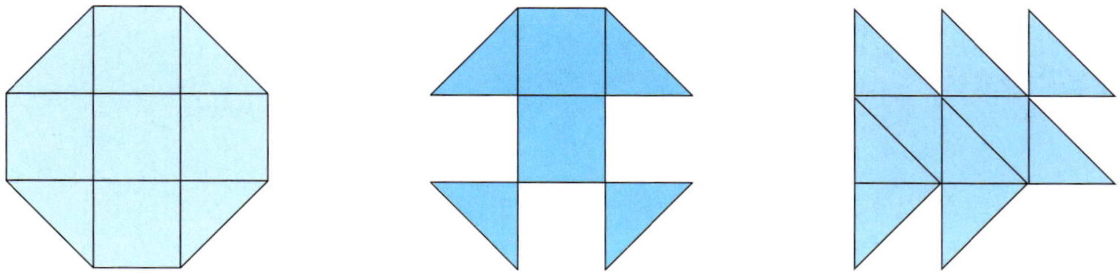

A ______ Stück B ______ Stück C ______ Stück

3 a) Viele Quadrate können wieder zu einem Quadrat zusammengesetzt werden. Zeichne ein Quadrat, das aus vier kleinen Quadraten besteht.

b) Du hast ein großes Quadrat aus 25 kleinen Papierquadraten gelegt. Aus wie vielen Quadraten besteht das nächstgrößere? Bedenke, dass alle Seiten gleich lang sein müssen. Wenn du möchtest, kannst du eine Zeichnung anlegen.

Antwort: Das nächstgrößere Quadrat besteht aus _____ Quadraten.

Realschul-Check

4 Hier wurden wieder einige Quadrate von Ecke zu Ecke durchgeschnitten, manche Quadrate sind ganz geblieben. Nur bei Figur A sind die Umgrenzungen eingezeichnet. Wie viele Quadrate brauchst du, um diese Figuren zu legen?

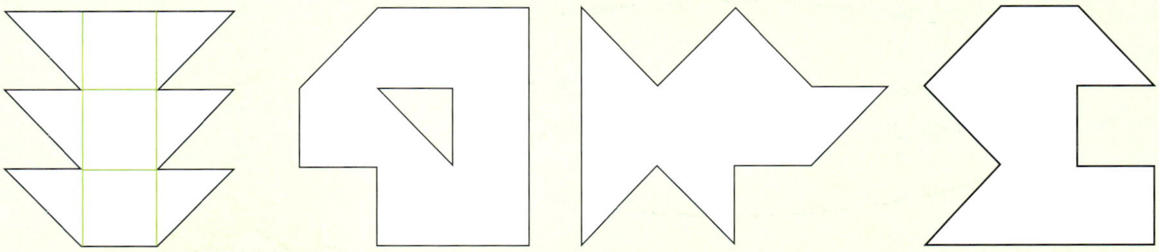

A ☐ B ☐ C ☐ D ☐

Das ist wichtig:

- Um zwei **Flächen** vergleichen zu können, musst du sie ausmessen.
- Wenn die Flächen auf Karopapier gezeichnet sind, ist dies ganz einfach: Zähle die Kästchen, aus denen die Flächen bestehen.

1 a) Welche Figur hat die größte Fläche? Schätze zuerst, und zähle dann die Kästchen.

b) Welche Figur hat die kleinste Fläche? Schätze wieder zuerst.

geschätzt: _____ gezählt: _____ geschätzt: _____ gezählt: _____

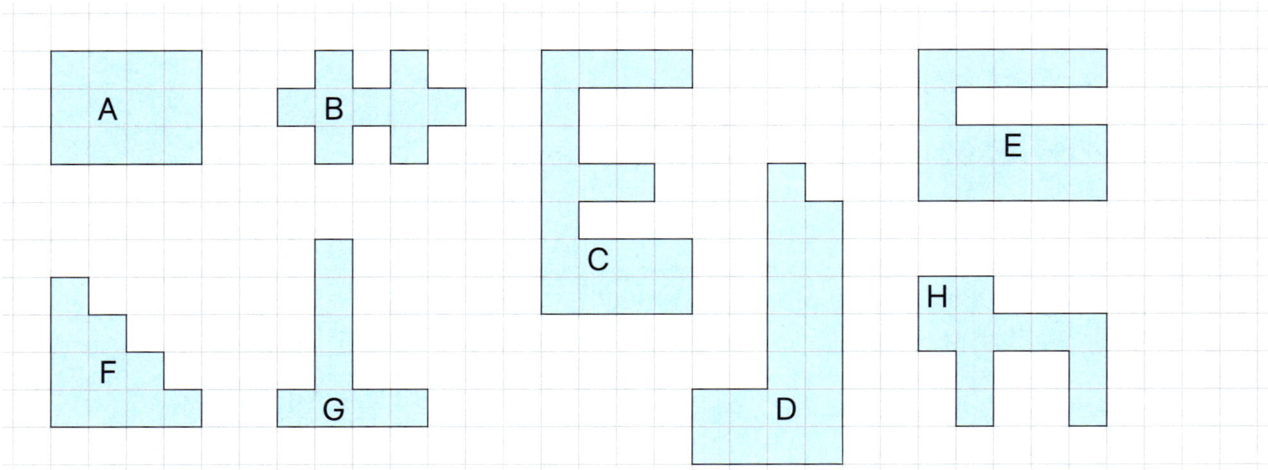

2 Aus wie vielen Kästchen besteht jede Figur? Schätze zuerst.

	geschätzt	gezählt		geschätzt	gezählt
A:	_____	_____	D:	_____	_____
B:	_____	_____	E:	_____	_____
C:	_____	_____	F:	_____	_____

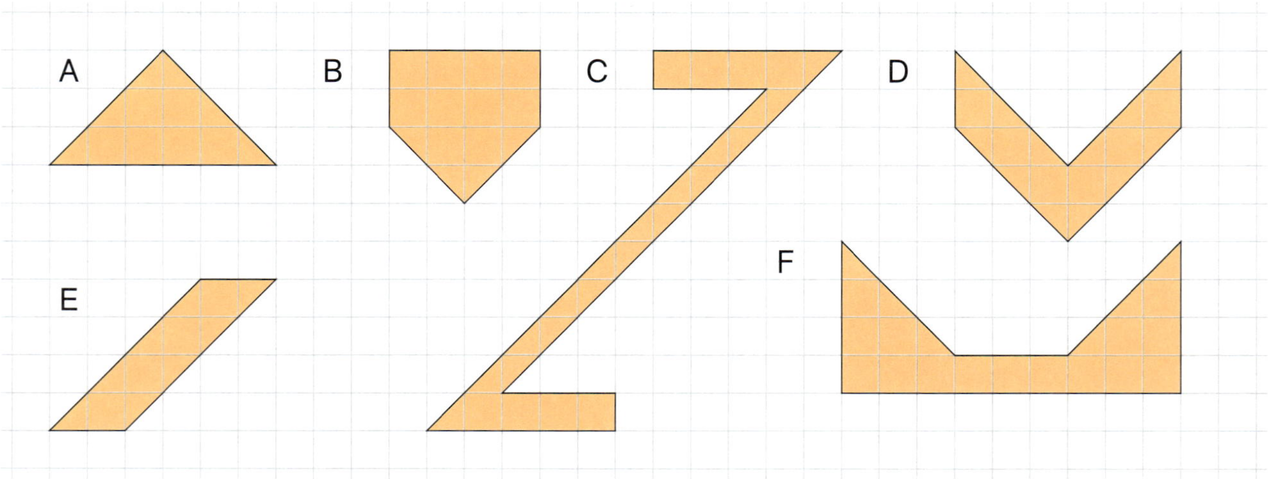

Das ist wichtig:

- Der **Umfang** einer Fläche ist die Gesamtlänge der Begrenzungslinie.
- Das heißt: Wenn du alle 4 Seiten des Rechtecks ausmisst und addierst, erhältst du den Umfang einer Fläche.

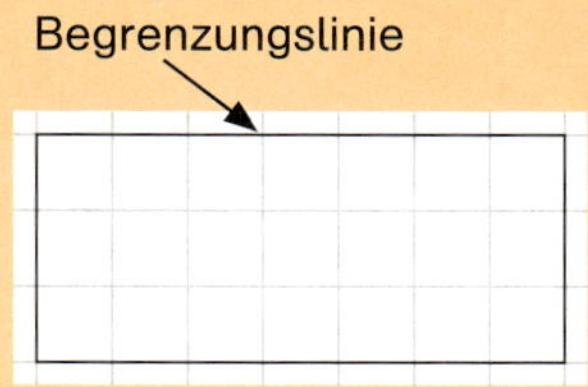

3 a) Welche Figur hat den größten Umfang? Schätze zuerst. Nimm dann ein Lineal, und miss den Umfang der Figuren. 2 Kästchen betragen 1 cm.

Den größten Umfang hat folgende Figur: geschätzt ______ gemessen ______

b) Welche Figur hat die größte Fläche? Schätze zuerst.

Die größte Fläche hat folgende Figur: geschätzt ______ gezählt ______

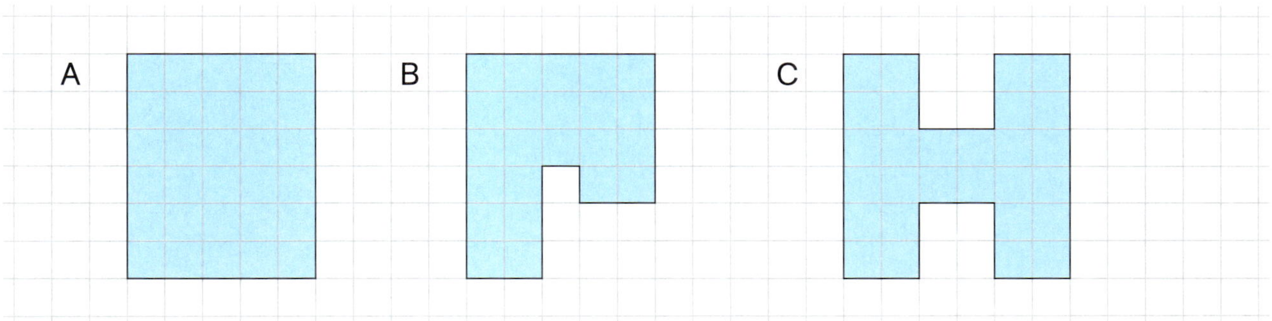

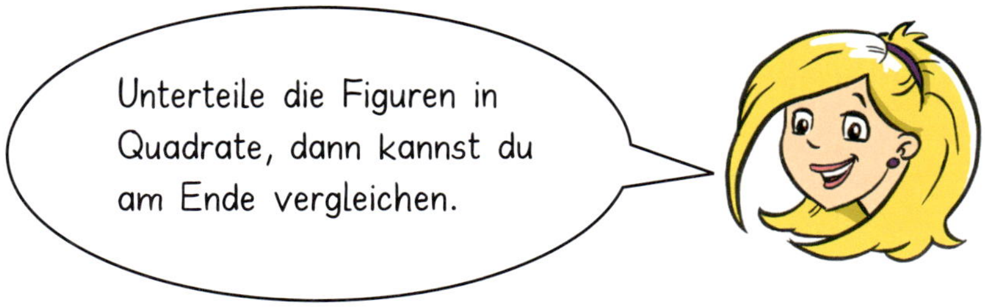

4 Welches ist die größte und welches die kleinste Fläche? Notiere in deinem Heft.

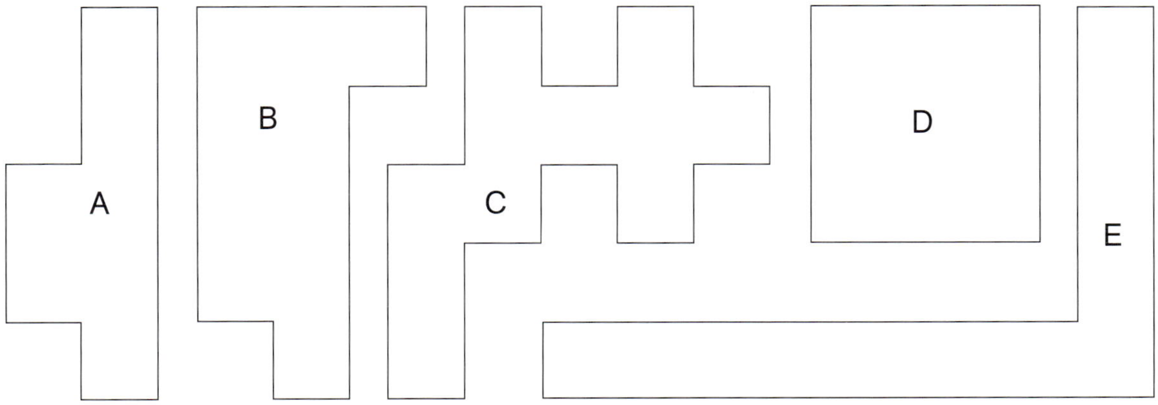

Das ist wichtig:

Ein Quadrat, bei dem jede Seite einen Meter beträgt, ist ein **Quadratmeter**. Das schreibt man kurz so: **1 m²**

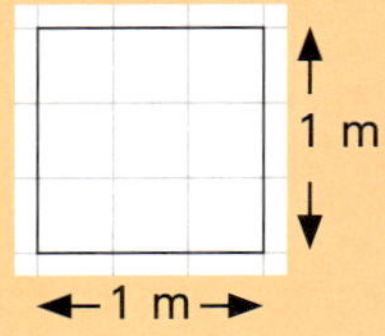

1 Hier siehst du Skizzen von Gärten. Jedes Kästchen ist in Wirklichkeit einen Quadratmeter groß. Wie groß sind die Gärten? Rechne – anstatt die Kästchen zu zählen – wie im Beispiel. Nutze den Platz in den Skizzen für deine Rechnungen.

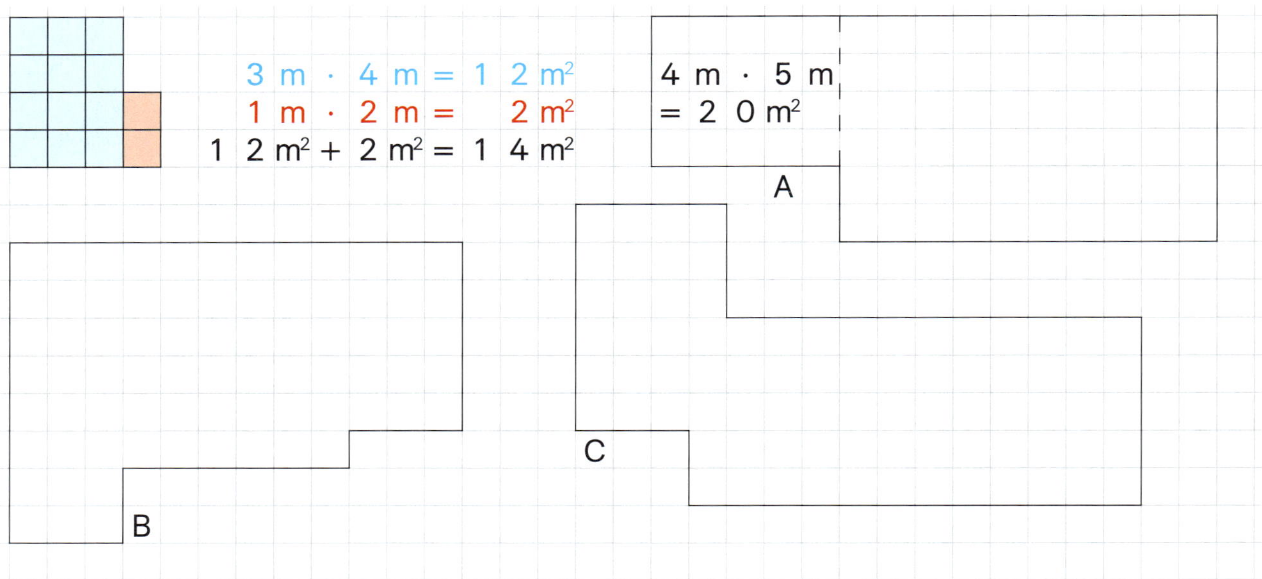

Garten A ist _____ m² groß. Garten B ist _____ m² groß. Garten C _____ m² groß.

2

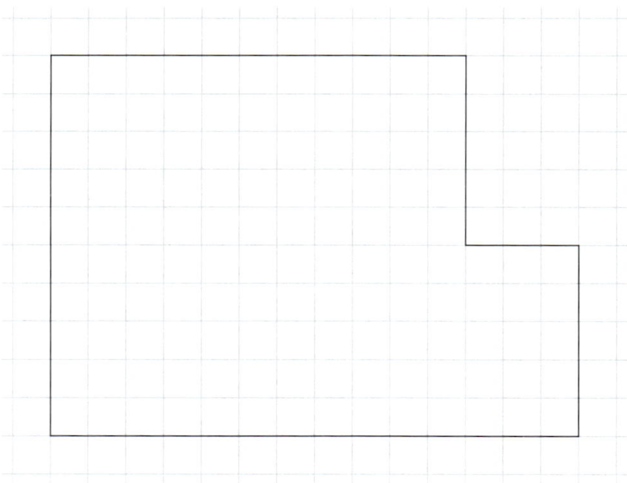

a) Wie groß ist dieser Garten?

Rechnung: ______________________

____

____

Antwort: Der Garten ist _____ m² groß.

b) Es soll ein 3 m langes und 2 m breites Gartenhaus gebaut werden. Zeichne es ein.

c) Auch ein 30 m² großer Swimmingpool soll entstehen. Zeichne ihn ein.

Realschul-Check

3 Hier siehst du eine Wohnung im Maßstab 1:100.
1 cm in der Zeichnung entsprechen 100 cm, also 1 m in der Wirklichkeit.

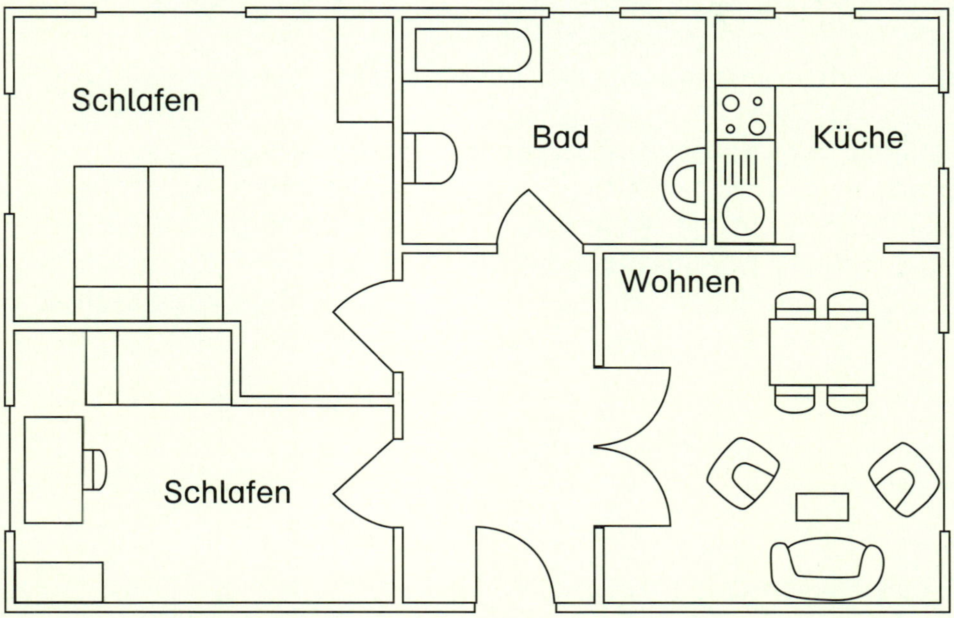

a) Wie groß ist das Bad?

Rechnung: ____

Antwort: Das Bad ist _____ m² groß.

b) Wie groß ist die Küche?

Rechnung: ____

Antwort: Die Küche ist _____ m² groß.

c) Wie groß ist das große Schlafzimmer?

Rechnung: ______________________________

____

____

____

____

Antwort: Das große Schlafzimmer ist

_____ m² groß.

Das ist wichtig:

- Zwei Linien, die im rechten Winkel aufeinandertreffen, sind **senkrecht** zueinander. Umgekehrt ausgedrückt:
- Zwei senkrecht aufeinanderstehende Linien bilden **rechte Winkel**. Das folgende Beispiel zeigt dir, was das bedeutet:
- So kannst du aus Papier einen rechten Winkel bilden:

1. Nimm ein beliebiges Stück Papier, und falte es einmal.
2. Falte es ein zweites Mal, sodass die hier farbig markierten Kanten aufeinanderliegen. Hier entsteht ein rechter Winkel.
3. Falte das Papier auseinander. Die zweite Faltkante steht **senkrecht** auf der ersten. Es entstehen **4 rechte Winkel**.

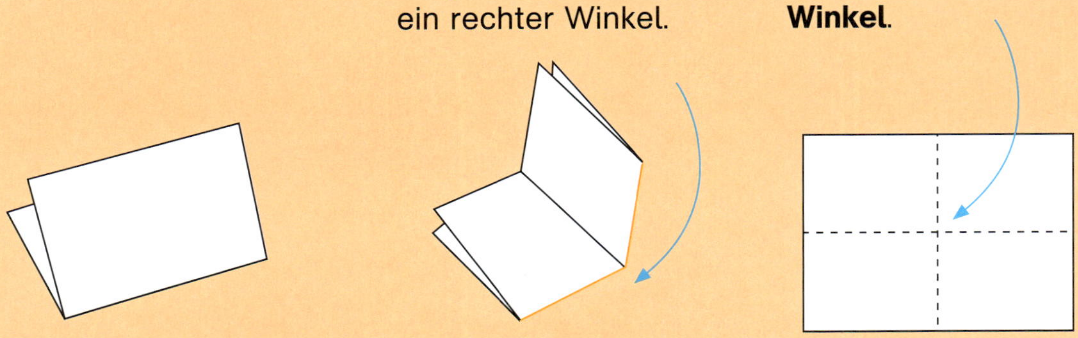

1 Wo findest du rechte Winkel in deiner Umwelt? Benutze den Faltwinkel, den du im Regelkasten bei Schritt 2 erhalten hast, zum Überprüfen. Trage Beispiele ein.

dort, wo Wand und Boden zusammentreffen, Tischecke, ______________________

____

2 Miss mit deinem Faltwinkel die Winkel folgender Figuren. Kreuze an, wenn die Linien einen rechten Winkel bilden.

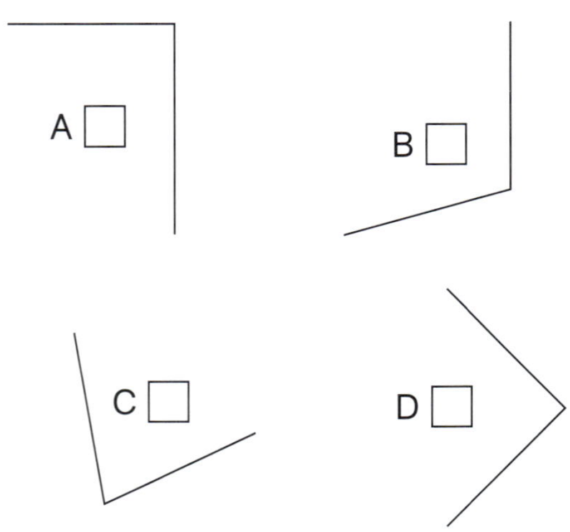

3 Wie viele rechte Winkel zählst du bei jeder Figur? Trage die Anzahl in die Kästchen ein.

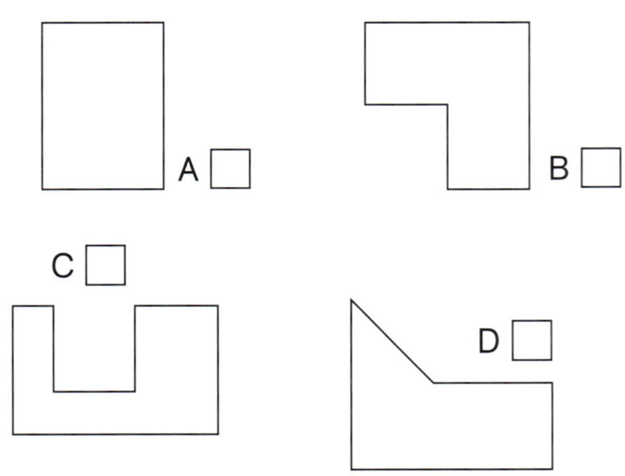

Das ist wichtig:

- Das Geodreieck ist ein halbes Quadrat. Du kannst damit **gerade Linien** und **rechte Winkel** zeichnen.
- Einen rechten Winkel zeichnest du so:
  1. Zeichne eine Linie.
  2. Die Markierung auf dem Geodreieck, die dieses in zwei Hälften teilt, muss beim Zeichnen der zweiten Linie genau auf deiner ersten Linie liegen.

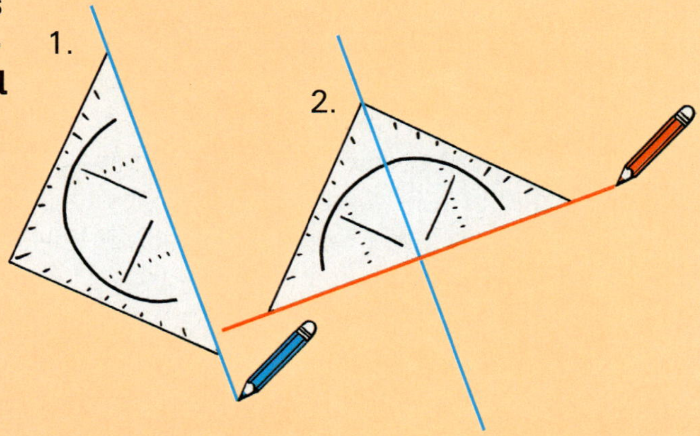

4 Nimm dein Geodreieck, und zeichne zu jeder Linie jeweils eine weitere, die senkrecht zur ersten ist, sodass immer ein rechter Winkel entsteht.

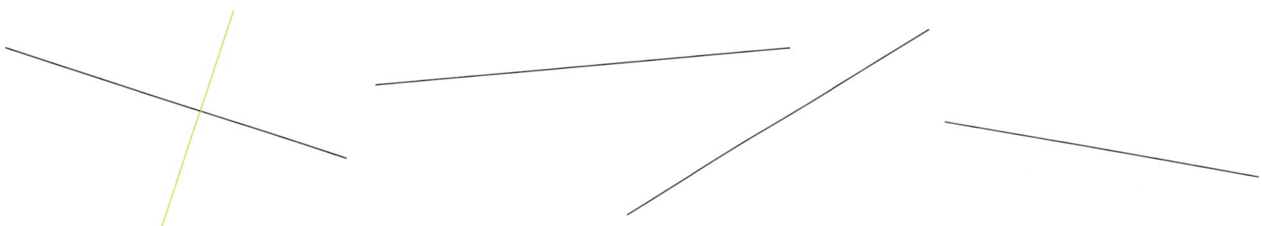

5 Zeichne folgende Figuren mit Geodreieck und spitzem Bleistift nach.

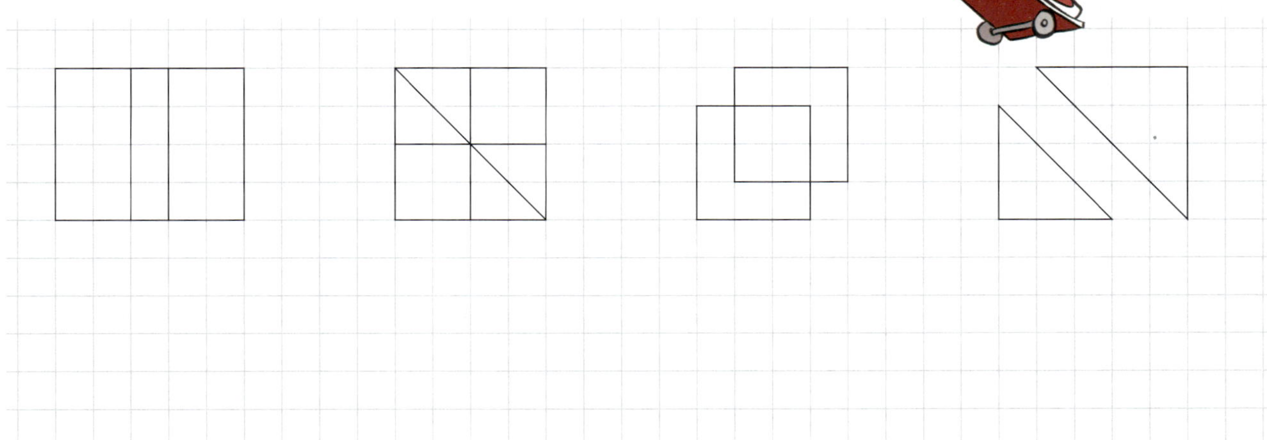

Das ist wichtig:

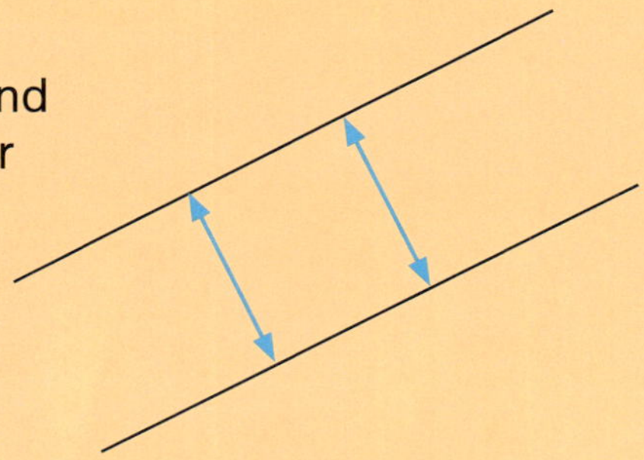

- Zwei gerade Linien sind **parallel** zueinander, wenn sie an allen Stellen den gleichen Abstand zueinander haben. Dieser Abstand wird immer senkrecht zu einer Linie gemessen.
- Zwei parallele Linien heißen **Parallelen**.
- Eine gerade Linie nennt man auch **Gerade**.
- So kannst du aus Papier Senkrechten bilden:

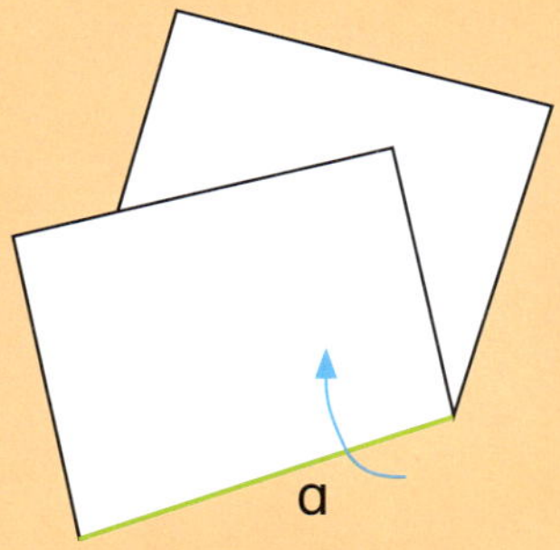

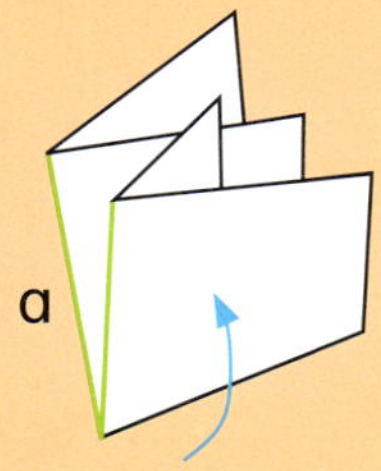

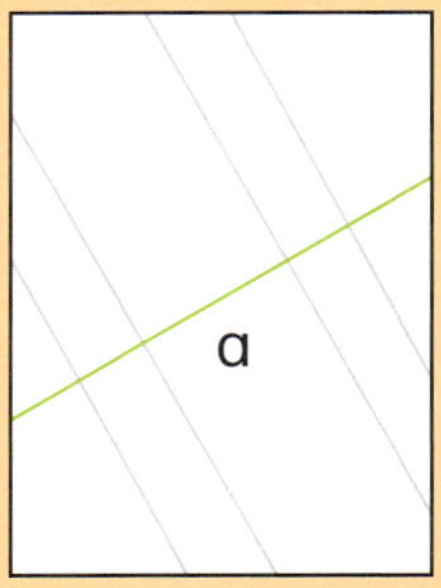

1. Nimm ein beliebiges Stück Papier, und falte es einmal. Es entsteht eine Faltkante *a*.
2. Falte das Papier noch einmal, sodass alle Teile von *a* genau aufeinanderliegen.
3. Falte das Blatt noch mehrmals so, dass die Teile von *a* aufeinanderliegen. Falte das Blatt auseinander.

Alle entstandenen Faltlinien, die senkrecht auf a stehen, sind **parallel** zueinander.

1 Zeichne eine Gerade *a* mit deinem Geodreieck. Zeichne eine Senkrechte zu deiner Geraden. Zeichne viele Senkrechten. Sie sind alle parallel zueinander.

Das ist wichtig:

- Mit dem Geodreieck kannst du auch Strecken messen.
- Eine **Strecke** ist eine Gerade mit einem Anfangs- und einem Endpunkt.

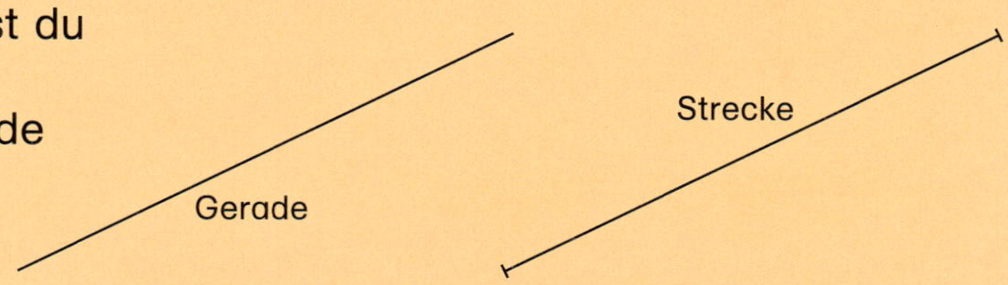

2 Miss die Längen dieser Strecken mit dem Geodreieck. Trage die Ergebnisse ein.

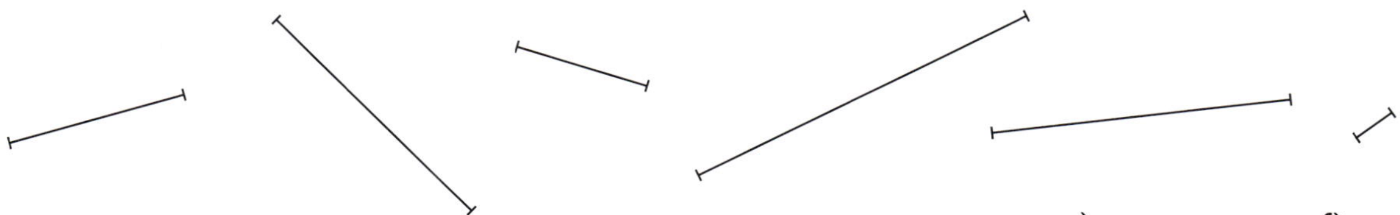

a) 2 cm b) ________ c) ________ d) ________ e) ________ f) ________

3 Zeichne eine Strecke *a* von 5 cm in dein Heft. Zeichne anschließend eine Strecke *b* von 4 cm, die senkrecht zu deiner Strecke *a* steht.
Zeichne zwei Geraden, die senkrecht zu *b* sind. (Sie sind parallel zu *a*.)

Realschul-Check

4 Nimm dein Geodreieck, und zeichne die verdeckten Teile der Vierecke entsprechend der Vorgaben mit einer gestrichelten Linie ein.

Zur Erinnerung: Quadrat und Rechteck haben rechte Winkel. Bei einem Quadrat sind alle Seiten gleich lang.

a) Das graue Viereck ist ein Rechteck.

b) Das blaue Viereck ist ein Quadrat.

c) Das gelbe Viereck ist ein Rechteck. Die längere Seite des Rechtecks ist doppelt so lang wie die kürzere.

Das ist wichtig:

- Merke dir folgende Begriffe:
  Mittelpunkt
  Durchmesser
  Kreislinie
  Radius
- Der **Radius** bezeichnet den Abstand vom Mittelpunkt eines Kreises zur Kreislinie. Den Radius stellst du beim Zirkel mithilfe eines Geodreiecks oder Lineals ein. Es ist der Abstand zwischen Zirkelspitze und Zirkelmine.

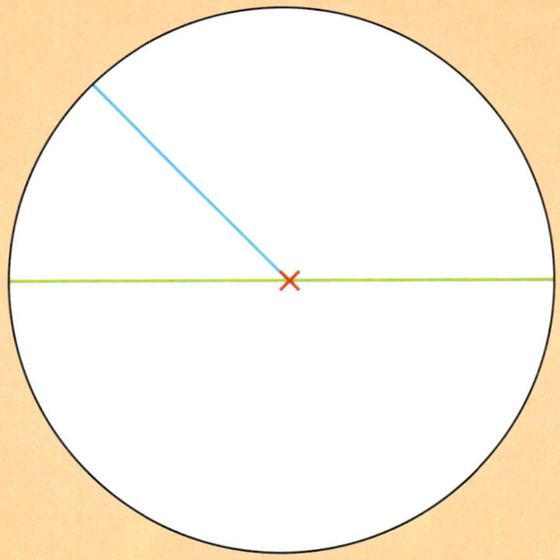

1 Wo findest du in deiner Umwelt Kreise?

Teller, Frisbeescheibe, ______________________________

____

____

2 Stelle deinen Zirkel auf den jeweils angegebenen Radius ein, und zeichne verschiedene Kreise immer um denselben Mittelpunkt (ist schon eingezeichnet).

a) Radius: 2 cm
b) Radius: 3 cm
c) Radius: 2,5 cm
d) Radius: 4 cm
e) Radius: 1 cm
f) Radius: 3,8 cm

3 Setze folgende Figuren fort, und male sie farbig an.

4 Zeichne die Figuren nach, und male sie farbig an.

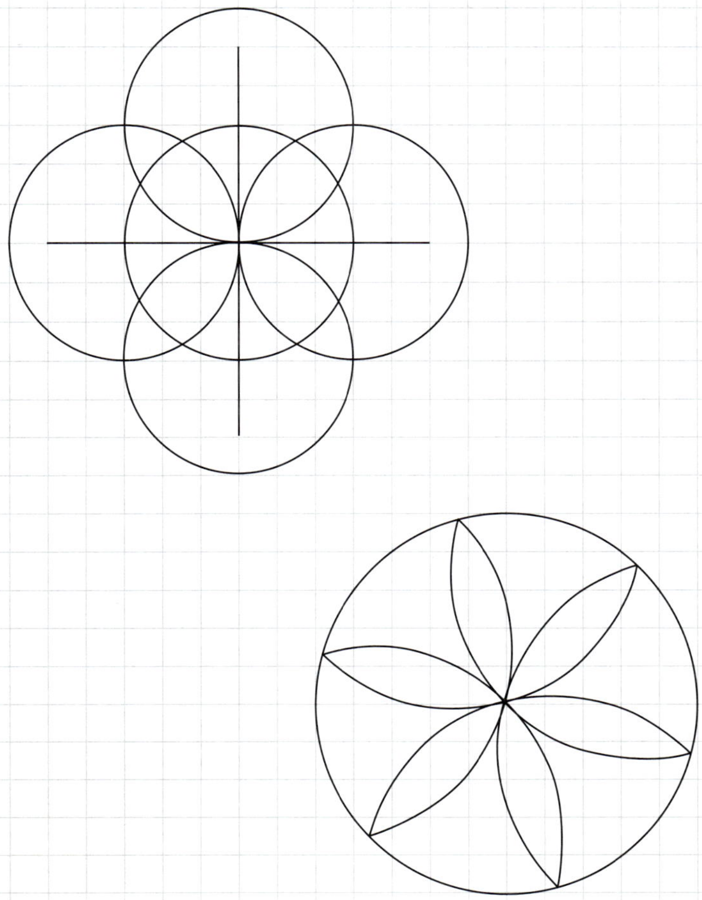

5 Denke dir eigene Muster aus. Zeichne mit Geodreieck und Zirkel.

6 Zeichne nach den Angaben. Der Abstand zwischen den Strichen beträgt 5 mm.

Der Radius jedes Kreises ist …

… 5 mm größer als der vorige.

… 5 mm kleiner als der vorige.

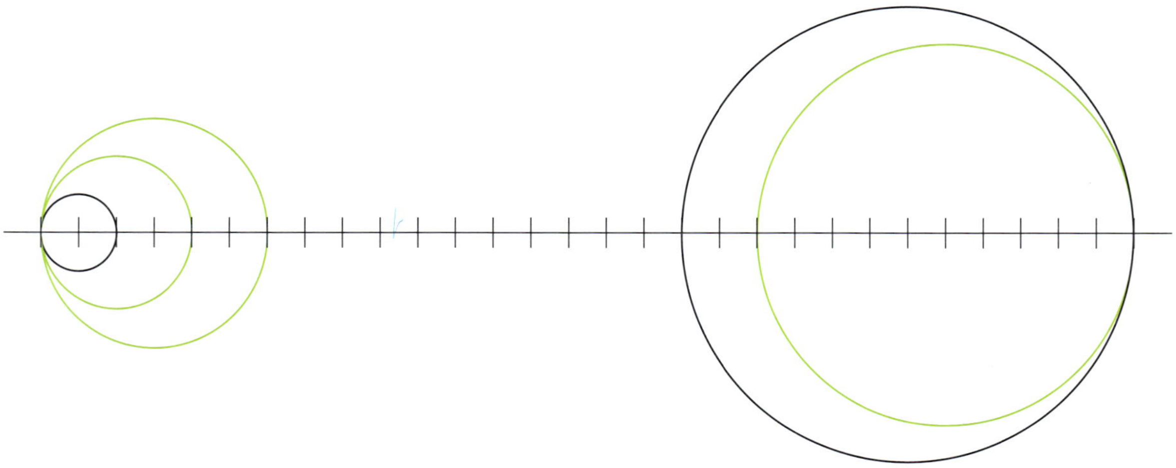

Das ist wichtig:

- Den **Mittelpunkt** eines Quadrates kannst du so bestimmen: Miss die Länge einer Seite aus, wie hier z. B. 4 cm. Markiere die Mitte jeder Seite (von einer Ecke aus gesehen bei 2 cm) mit einem Punkt.
- Verbinde die gegenüberliegenden Punkte. Ihr Schnittpunkt ist der Mittelpunkt. So kannst du einen Kreis genau in das Quadrat einzeichnen.

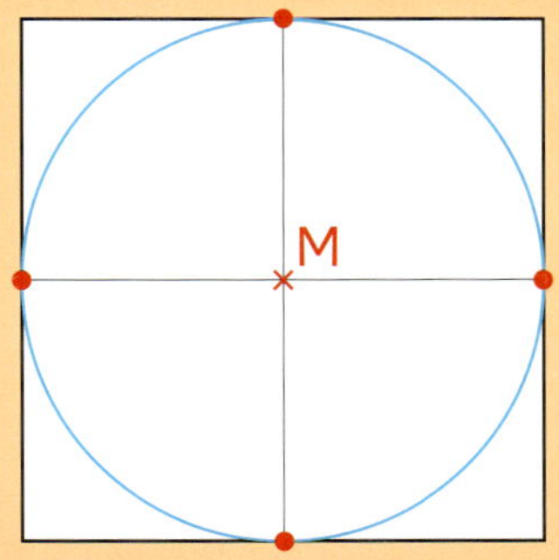

7 Übertrage die Muster in die großen Quadrate.

Realschul-Check

8 Mit dem Zirkel kannst du ein Sechseck zeichnen, das gleich lange Seiten hat:
Zeichne einen Kreis mit dem Radius 3 cm. Behalte den eingestellten Radius bei. Stich den Zirkel nun an einer beliebigen Stelle auf der Kreislinie ein, und zeichne mit der Mine eine feine Linie, die die Kreislinie kreuzt. Stich nun an dieser Schnittstelle wieder mit dem Zirkel ein und wiederhole den Vorgang noch 5-mal. Verbinde die entstandenen Schnittstellen mit Linien, sodass ein Sechseck entsteht.

× M

Das ist wichtig:

- Die **Symmetrieachse** einer Figur ist eine Gerade mit folgender Eigenschaft: Alles, was auf der einen Seite der Achse liegt, besteht auch auf der anderen Seite jeweils im gleichen Abstand zur Achse.
- Eine solche Figur ist **achsensymmetrisch**.

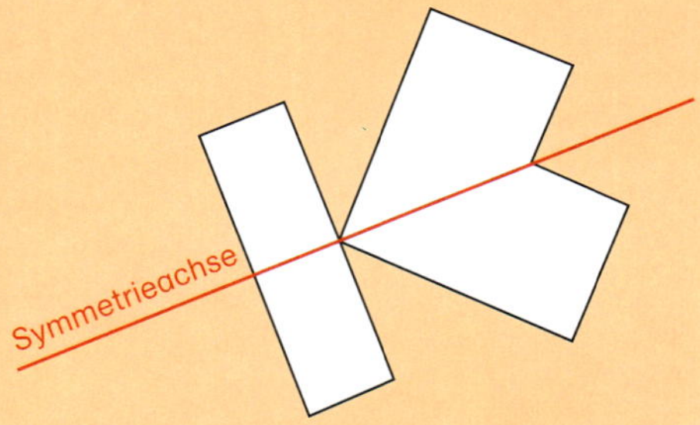

1 Welche Dinge in deiner Umwelt sind achsensymmetrisch? Kleine Ungenauigkeiten wie z. B. Kratzer dürfen sein.

Tisch, Schulranzen, ______________________________

____

2 Zeichne die Spiegelbilder. Prüfe mit einem Spiegel, den du auf die Symmetrieachse stellst, ob eine achsensymmetrische Figur entstanden ist.

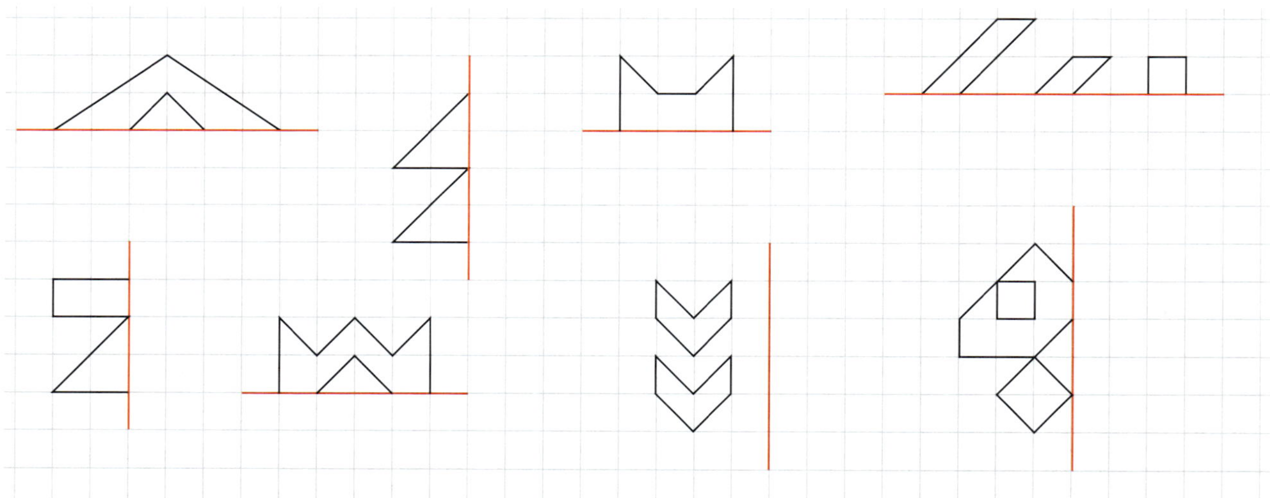

3 Zeichne die Spiegelbilder.

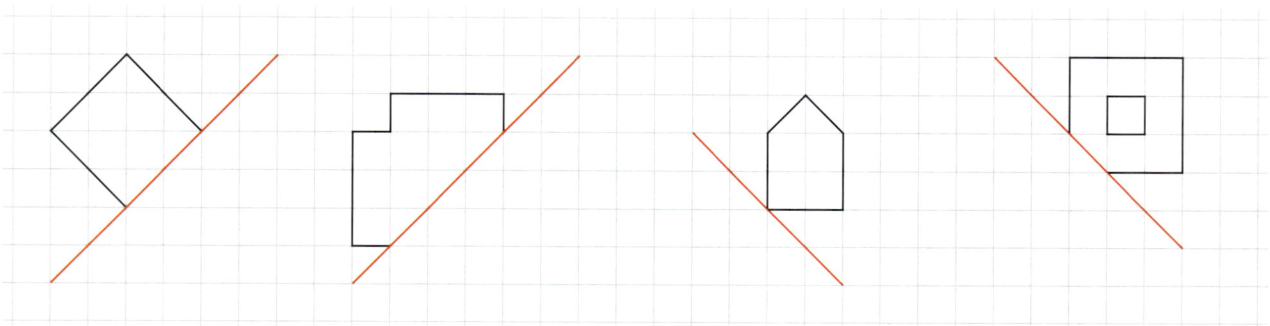

4 Zeichne bei den Figuren, die achsensymmetrisch sind, die Symmetrieachse ein. Überprüfe mit dem Spiegel.

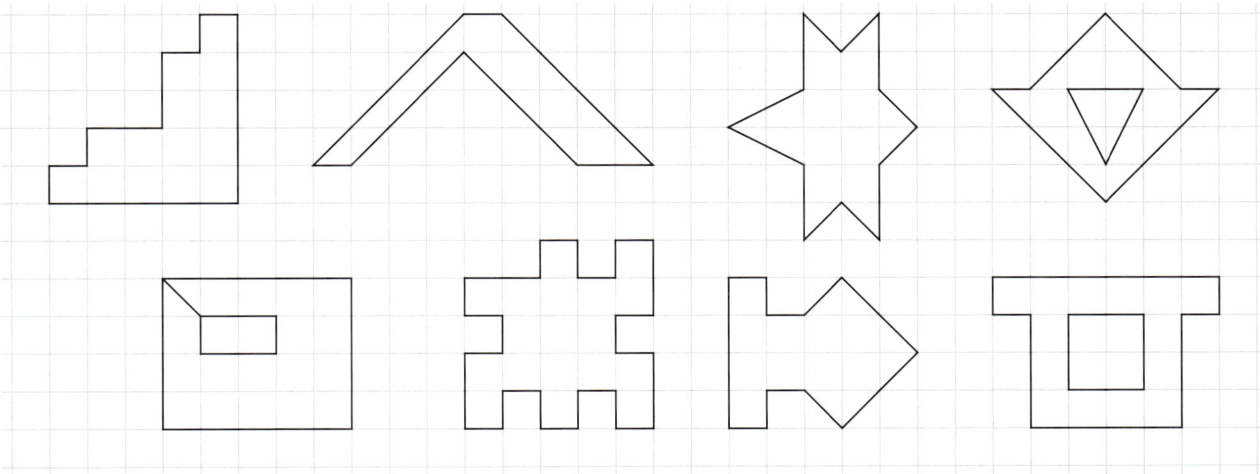

Das ist wichtig:

- Figuren, die durch Drehen um einen Punkt entstanden sind, nennt man **drehsymmetrisch**.
- Dieser Punkt ist meistens eine Ecke oder die Mitte der Figur.

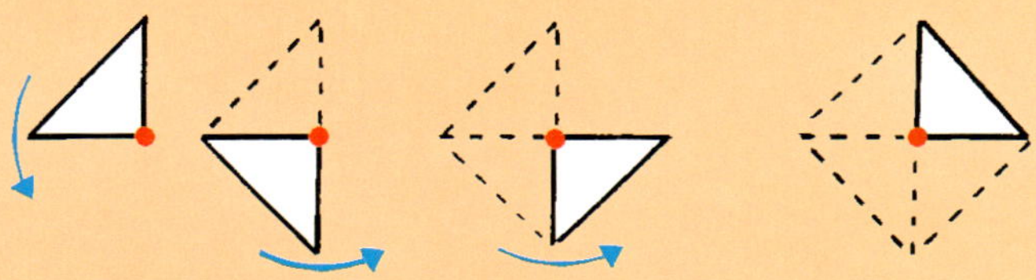

5 Zeichne je drei Drehungen der Figuren. Die Drehpunkte sind eingezeichnet.

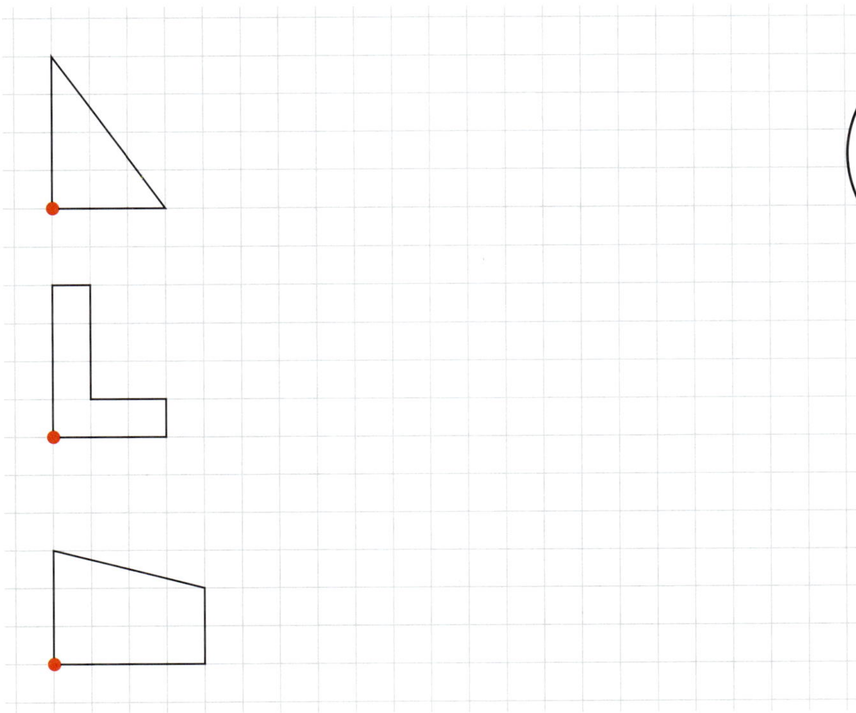

6 Markiere die Symmetrieachse oder den Drehpunkt rot. Achtung: Eine Figur kann auch dreh- **und** spiegelsymmetrisch gleichzeitig sein!

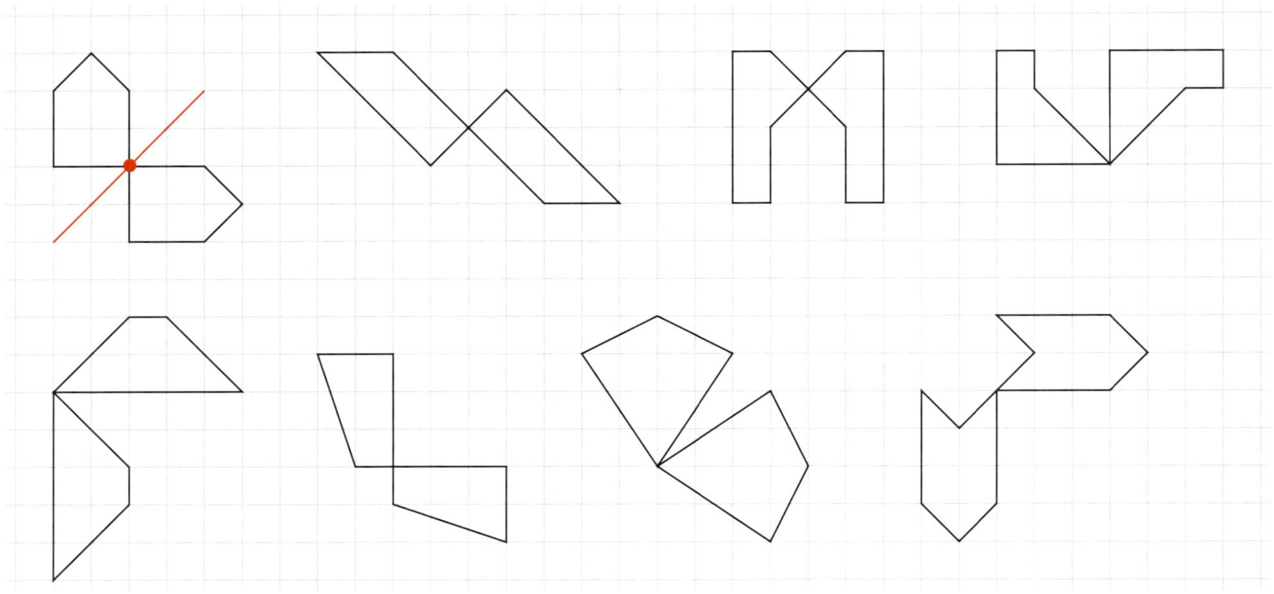

7 Ergänze die Figuren drehsymmetrisch wie im Beispiel vorgegeben.

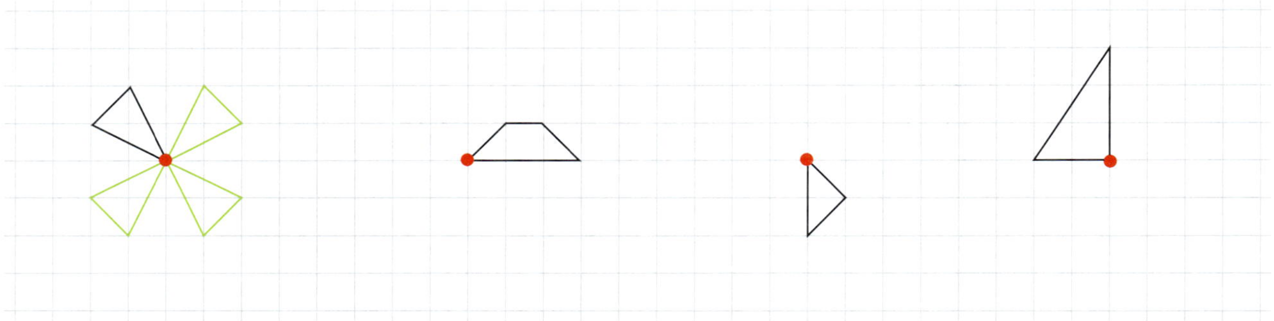

Das ist wichtig:

- Ist eine Figur verschoben worden, spricht man von einer **Verschiebung**.
- Das Häuschen ist um 5 Kästchen nach rechts verschoben worden.

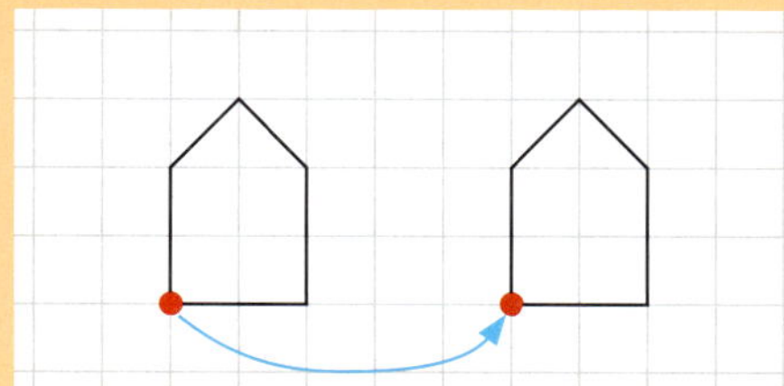

8 Verschiebe die Figuren um 4 Kästchen nach links.

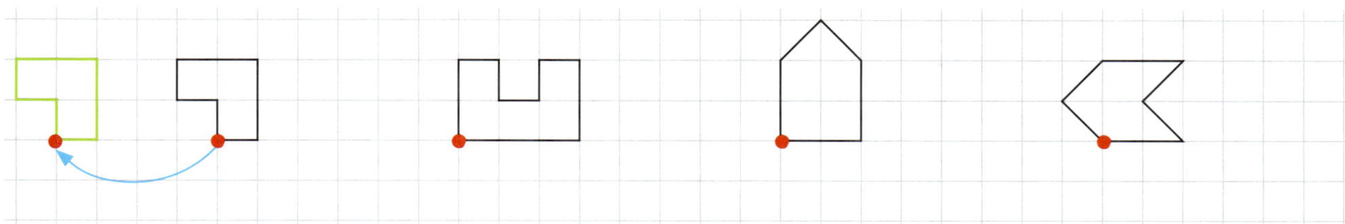

9 Verschiebe die Figuren immer um 2 Kästchen nach unten und 3 Kästchen nach rechts.

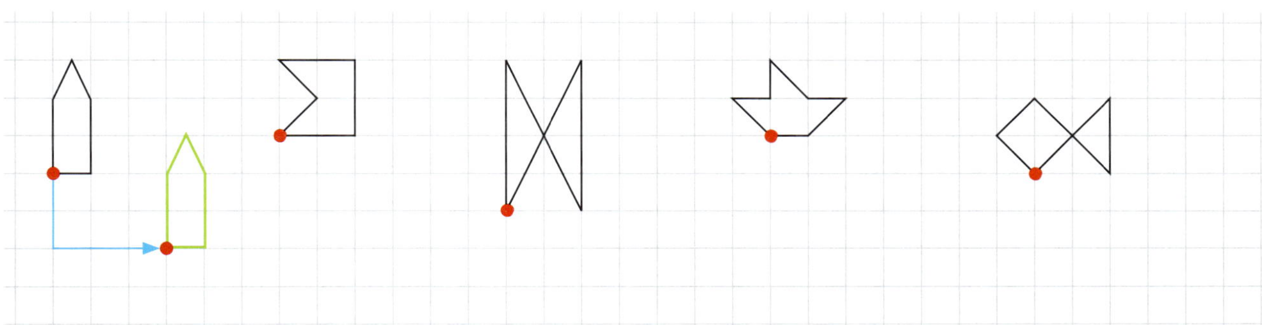

10 Wurden die Ausgangsfiguren verschoben, gespiegelt oder gedreht? Trage in die Kästchen ein:

V für Verschiebung **S** für Spiegelung oder **D** für Drehung

Ausgangsfigur:

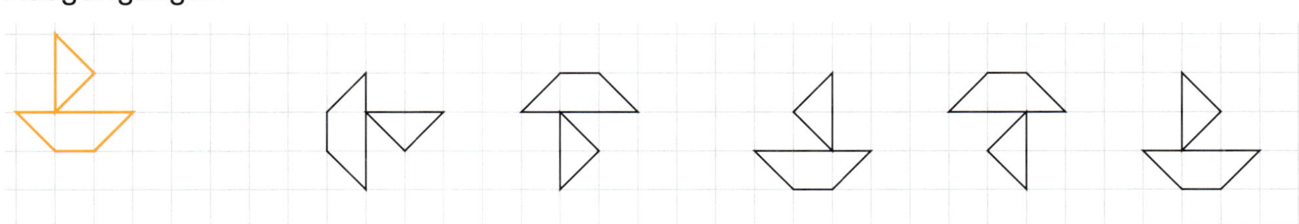

A ☐ B ☐ C ☐ D ☐ E ☐

Test: Geometrie

45 min

Name: Klasse: Datum:

1 Vergrößere die Figuren im Maßstab 2:1.

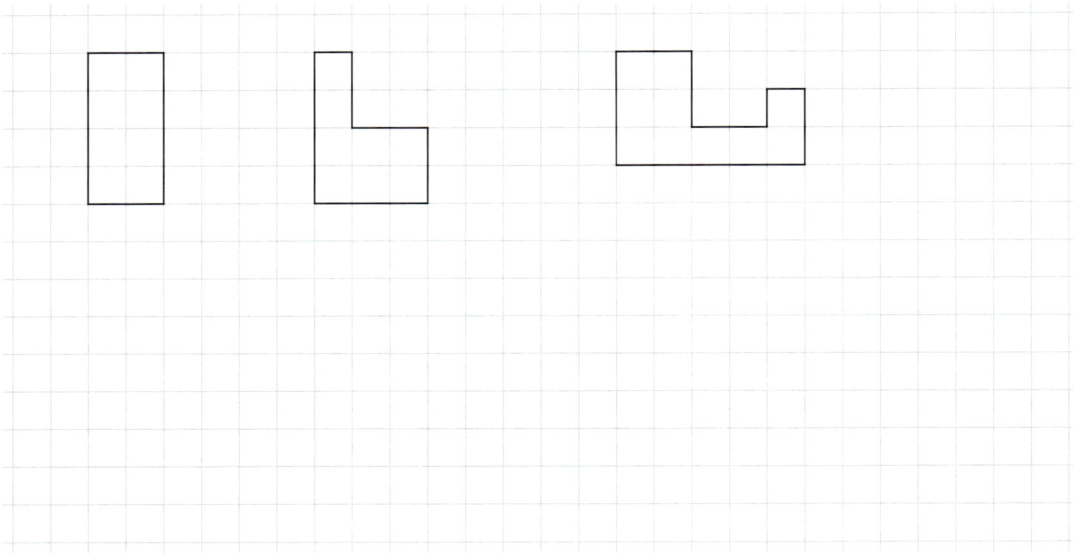

6 P.

2 Was ist ein Quadrat?

____

____

2 P.

3 Hier siehst du die Skizze eines Gartens. Jedes Kästchen ist in Wirklichkeit $1\,m^2$ groß.

a) Wie groß ist der Garten?

Rechnung: ______________________

____

Antwort: Der Garten ist ______ m^2 groß.

b) Zeichne den Garten nach den Vorgaben. Das Blumenbeet ist 5 m lang und 2 m breit. Die Terasse ist 4 m lang und 3 m breit.

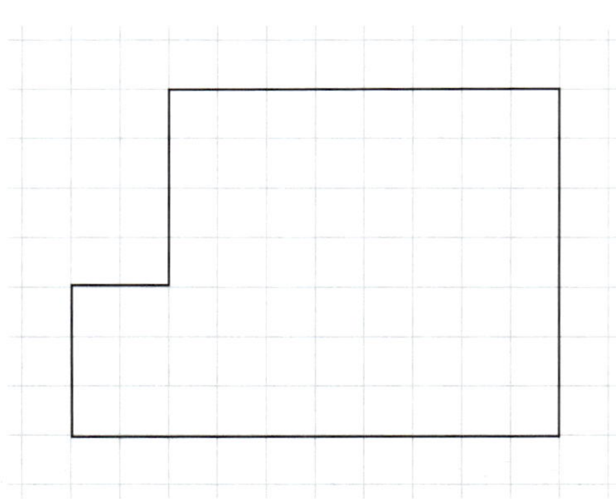

4 P.

Name: Klasse: Datum:

4 a) Zeichne einen rechten Winkel.

b) Zeichne eine Strecke von 3 cm.
Zeichne dazu eine senkrechte Gerade.

	3 P.

5 Zeichne Kreise um den gleichen Mittelpunkt mit dem jeweils angegebenen Radius. a) 1 cm b) 1,8 cm c) 2 cm

×

	3 P.

6 Zeichne die Spiegelbilder.

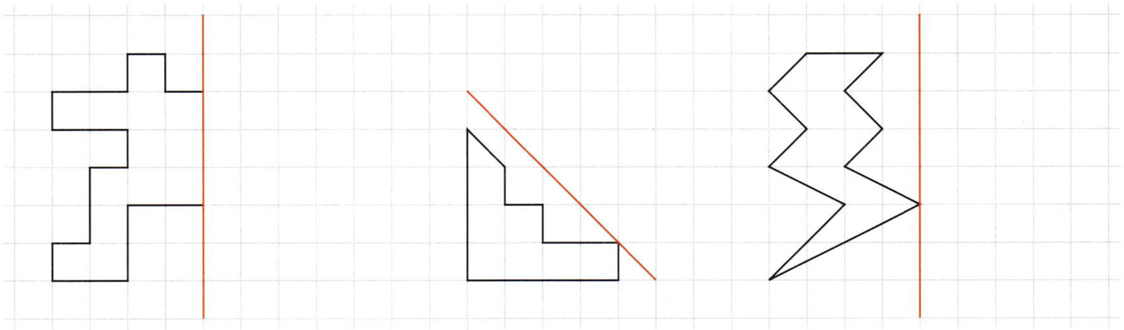

	6 P.

In diesem Test habe ich ☐ Punkte von insgesamt 24 Punkten erreicht.

Das entspricht der Note ☐. (Schau in den Lösungen auf Seite 39 nach).

Liebe Eltern,

vermutlich steht bei Ihrem Kind bald die Entscheidung an, welche weiterführende Schule es besuchen wird. Sie wünschen sich, dass Ihr Kind mindestens den Sprung auf die Realschule schafft und möchten dies durch den Kauf dieses Arbeitsheftes unterstützen. Eine gute Wahl, denn diese Lernhilfe bereitet Ihr Kind optimal auf den Wechsel vor.

Dieses Heft wiederholt alle wichtigen Themen des Faches Mathematik des 4. Schuljahres:

- Jede **Doppelseite** enthält einen **Merkkasten mit Regeln** zu einem Thema.
- Der **Merkkasten** hilft, bereits Gelerntes zu wiederholen und Lücken zu schließen.
- Außerdem gibt es jede Menge **Übungen**, in denen die Regeln angewendet werden.
- Die **Realschul-Check-Aufgaben** überprüfen noch einmal passgenau, ob Ihr Kind das Gelernte verstanden hat und anwenden kann. Werden diese Aufgaben richtig gelöst, sollte dem Weg in die Realschule nichts im Wege stehen. Am Ende eines Kapitels kann Ihr Kind einen Abschlusstest schreiben. Im Lösungsheft finden Sie eine Auswertung.

Wie Sie Ihr Kind unterstützen können

Je selbstständiger ein Kind in der 4. Klasse ist, desto besser ist dies für seine Zukunft. Wenn Ihr Kind alleine arbeiten möchte und kann, wunderbar! Wenn es aber nicht alleine zurecht kommt, halten Sie sich für Fragen bereit. Versteht es Regeln nicht, versuchen Sie, diese nochmals geduldig in eigenen Worten zu erklären. Dann sollte Ihr Kind die Umsetzung der Regeln trainieren und Aufgaben lösen. Hat Ihr Kind seine Sache gut gemacht, dann loben Sie es. Denn Lob und Erfolg sind der beste Ansporn, am Ball zu bleiben und weiter zu üben.

Am besten ist es, wenn Ihr Kind regelmäßig kleine Lernportionen, z. B. immer eine Doppelseite, bearbeitet. Dann bleibt das Gelernte besser im Gedächtnis als dies nach langen Lerneinheiten der Fall ist. Achten Sie auch darauf, dass Ihr Kind einen ausreichend großen, hellen Arbeitsplatz hat und ungestört ist. Fernseher, Radio etc. lenken vom Lernen ab. Frische Luft hilft ihm, sich besser zu konzentrieren.

Fordern, nicht überfordern

„Bloß nicht Hauptschule!“, meinen Sie? Vergessen Sie nicht, dass unser Schulsystem durchlässig ist. Es gibt je nach Bundesland unterschiedliche Möglichkeiten, nach dem Hauptschulabschluss den Realschulabschluss zu erreichen und auch noch das Abitur zu machen. Wichtig ist, bei allen Fördermaßnahmen nicht den individuellen Lernprozess des Schülers aus den Augen zu verlieren. Für die Entwicklung eines Kindes kann es besser sein, dass es zunächst auf der Hauptschule gut mitkommt und positive Lernerfolge hat. Das ist besser, als auf der Realschule permanent schlechte Noten zu bekommen und sich als Versager zu fühlen. Wenn sie darauf achten, dass Ihr Kind Erfolgserlebnisse hat, wird es die Freude am Lernen nicht verlieren. Das ist die beste Voraussetzung für eine erfolgreiche Schullaufbahn. Alles Gute!

Kristin Allen-Oexle, Detlev Heuchert, Katinka Wörwag

Ich will in die Realschule!

Mathematik 4. Schuljahr

Der komplette Lernstoff

Lösungen

Klett Lerntraining GmbH, Stuttgart

Auflage 5. 4. 3. 2. 1. | 2013 2012 2011 2010 2009
Die letzten Zahlen bezeichnen jeweils die Auflage und das Jahr des letzten Druckes.

Druck: Mediahaus Biering GmbH, München
Printed in Germany
Beilage zu 978-3-12-925819-4

Seiten 4 – 5

1.

	M	HT	ZT	T	H	Z	E
a)		1	8	3	4	1	8
b)		1	9	8	7	3	5

2.

M	HT	ZT	T	H	Z	E	
		3	8	0	0	4	= 38 004
3	0	0	9	0	0	0	= 3 009 000
		9	0	5	7	3	= 90 573

3. a) 768 b) 537 c) 25 008 d) 3 007 060

4.

M	HT	ZT	T	H	Z	E
1	0	0	0	4	0	7
		8	7	9	0	1
	9	2	2	5	0	0
	2	1	7	0	2	4

5. 22 < 2 400 < 200 002 < 220 000

6. 930 570 = neunhundertdreißigtausendfünfhundertsiebzig
93 570 = 9 ZT + 3 T + 5 H + 7 Z
1 000 910 = eine Million neunhundertzehn
40 015 = 4 ZT + 1 Z + 5 E
400 150 = vierhunderttausendeinhundertfünfzig
1 009 100 = 1 M + 9 T + 1 H

Seiten 6 – 7

1. Für einen Zahlenstrahl von 0 bis 10 000 bietet sich eine Einheit mit 1 000 je Zentimeter an. Das bedeutet, du musst nach jedem Zentimeter einen Querstrich setzen.

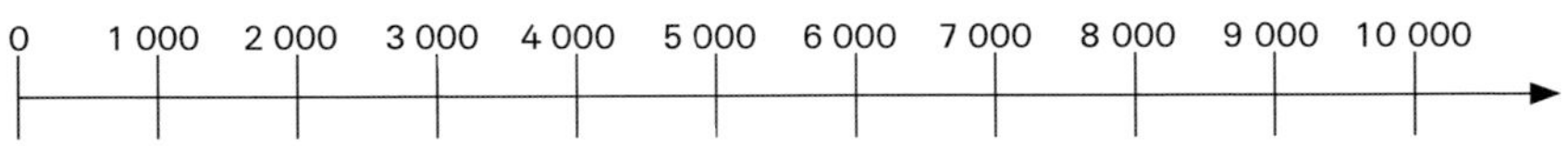

2.

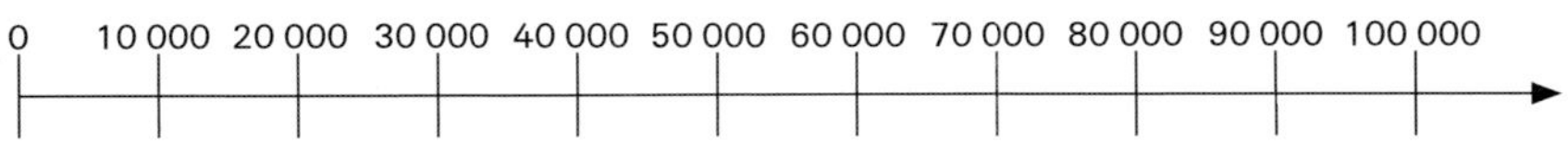

3.

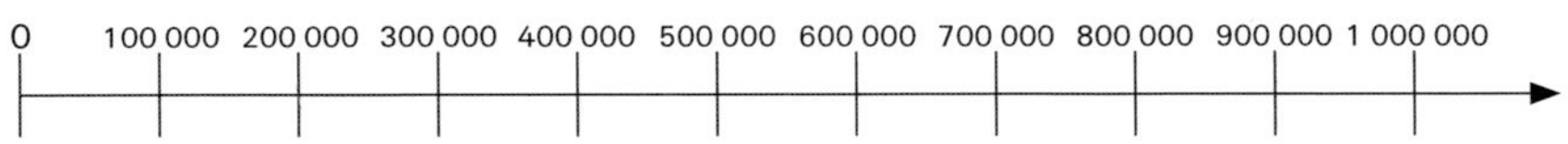

4. Fehler 1: Die Zwischenräume sind unterschiedlich groß.
Fehler 2: Die Zahlen sind nicht der Größe nach geordnet.

5. Die Zahlen am Zahlenstrahl heißen: 20 000, 30 000 und 40 000.

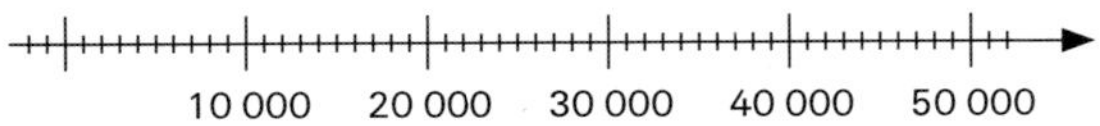

zu den Seiten 6 – 7:

6.

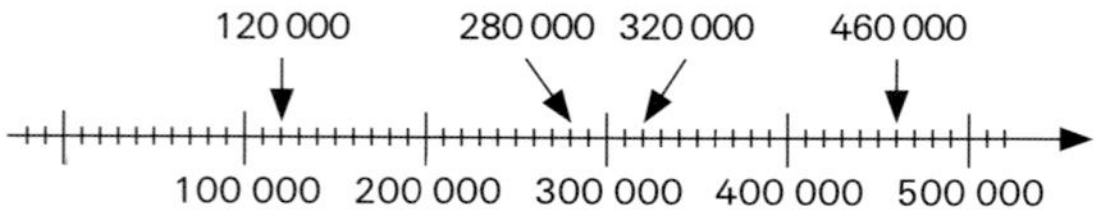

7. a) 28 000 d) 50 000
b) 36 000 e) 58 000
c) 46 000 f) 68 000

8. a) 8 000 c) 8 030
b) 8 010 d) 8 070

Seiten 8 – 9

1. a) 300 000 c) 800 000
b) 600 000 d) 1 400 000

2. a) 299 999 < 300 000 < 300 001
b) 599 999 < 600 000 < 600 001
c) 799 999 < 800 000 < 800 001
d) 1 399 999 < 1 400 000 < 1 400 001

3.

Vorgänger	Zahl	Nachfolger
319 999	320 000	320 001
489 000	489 001	489 002
788 999	789 000	789 001
830 341	830 342	830 343
99 999	100 000	100 001

4. a)

Nachbar-hunderter	Zahl	Nachbar-hunderter
300	301	400
900	981	1 000
200	300	400

b)

Nachbar-tausender	Zahl	Nachbar-tausender
3 000	3 567	4 000
8 000	8 973	9 000
1 000	2 000	3 000

5. a) 9 832 b) 9 844 c) 9 850
d) 9 867 e) 9 871

6.

	Nachbar-tausender	Nachbar-zehner	Vorgänger	Zahl	Nach-folger	Nachbar-zehner	Nachbar-tausender
a)	9 000	9 830	9 831	9 832	9 833	9 840	10 000
b)	9 000	9 840	9 843	9 844	9 845	9 850	10 000
c)	9 000	9 840	9 849	9 850	9 851	9 860	10 000
d)	9 000	9 860	9 866	9 867	9 868	9 870	10 000
e)	9 000	9 870	9 870	9 871	9 872	9 880	10 000

Seiten 10 – 11

1. a) 205 Anzahl der unterschiedlichen Ziffern: 3
   b) 4 580 Anzahl der unterschiedlichen Ziffern: 4
   c) 579 412 Anzahl der unterschiedlichen Ziffern: 6
   d) 200 000 Anzahl der unterschiedlichen Ziffern: 2

2. a) 23 402 c) 625 408
   b) 580 817 d) 24 901

3. a) sechshundertachtundsiebzigtausendneunhundert
   b) vierhundertvierundzwanzigtausendzweihundertzweiundvierzig
   c) siebenhundertsiebenundachtzigtausendachthundertachtundsiebzig
   d) fünfhundertzweiundfünfzigtausendzweihundertfünfundfünfzig

4. Beginnend mit der kleinsten Ziffer:
   358, 385,
   dann kommt die nächstgrößere Ziffer:
   538, 583,
   und die größte Ziffer zum Schluss:
   835, 853.
   Hast du die Ergebnisse auf eine andere Art herausgefunden, so ist dies selbstverständlich auch in Ordnung.

5. Die Zahlen sind der Größe nach geordnet von oben nach unten.
   $5 + 0 + 0 + 2 = 7$, also 5 002
   $5 + 0 + 1 + 1 = 7$, also 5 011
   $5 + 0 + 2 + 0 = 7$, also 5 020
   $5 + 1 + 0 + 1 = 7$, also 5 101
   $5 + 1 + 1 + 0 = 7$, also 5 110
   $5 + 2 + 0 + 0 = 7$, also 5 200
   $6 + 0 + 0 + 1 = 7$, also 6 001
   $6 + 0 + 1 + 0 = 7$, also 6 010
   $6 + 1 + 0 + 0 = 7$, also 6 100
   $7 + 0 + 0 + 0 = 7$, also 7 000

6. Svenja lügt nicht! Für die Zahl 23 320 232 benötigt man wirklich nur die Ziffern 0, 2 und 3.

7. Wenn keine Ziffer größer und keine Ziffer kleiner als 6 sein darf, so darf nur die 6 vorkommen. Die Zahl muss also zwischen 600 000 und 700 000 liegen und aus lauter 6 bestehen.
   Die gedachte Zahl heißt 666 666.

Seiten 12 – 13

1. 3 000, 5 000, 3 000

2. 10 000, 90 000, 10 000

3. 800 000, 100 000, 600 000

4. a) 3 000 000 c) 1 000 000
   b) 1 000 000 d) 2 000 000

5. Stephan hat sich das Fahrrad für 629 € gekauft. Alle anderen Preise ergeben gerundet nicht 600 €.

6. a) Auf keinen Fall! Runden wäre hier sehr gefährlich.
   b) Das ist Unsinn!
   c) Das wäre ein schlechtes Geschäft für dich. Du hättest dann nur noch 5 Euro Taschengeld, da hier abgerundet wird.
   d) Das ist Unsinn!
   e) Das ist sinnvoll, da man den genauen Bedarf nur schwer abschätzen kann.
   f) Das ist Unsinn! So verschenkst du wichtige Punkte.
   g) Das ist Quatsch! Hier kommt es auf jeden Tag an.
   h) Das ist sinnvoll, damit du vorher schon weißt, ob das Geld reicht.

zu den Seiten 12 – 13:

7.

Zahl	gerundet auf Tausender	gerundet auf Zehntausender	gerundet auf Hunderttausender	gerundet auf Millionen
55 987	56 000	60 000	100 000	0
443 509	444 000	440 000	400 000	0
3	0	0	0	0
2 349 674	2 350 000	2 350 000	2 300 000	2 000 000

Seiten 14 – 15

1. a) 235 + 100 − 1 = 334
b) 1 270 + 100 − 4 = 1 366
c) 12 340 + 100 − 8 = 12 432
d) 125 590 + 100 − 5 = 125 685

2. a) 459 + 400 − 1 = 858
b) 732 + 200 − 2 = 930
c) 12 450 + 400 − 10 = 12 840
d) 23 980 + 500 − 8 = 24 472

3. Justus:
98 + 97 + 99 + 95 = 389 Punkte
Matthias:
99 + 96 + 95 + 99 = 389 Punkte
Sieger sind beide, denn sie sind gleich gut.

4. a) 148 + 48 = 196
b) 421 + 298 = 719
c) 198 + 45 + 114 = 357

5.

0 → (+ 199) → 199 → (+ 96) → 295 → (+ 147) → 442 → (+ 397) → 839 → (+ 161) → 1 000

6. Bei den Rechenmauern immer von unten nach oben rechnen.

990
540 | 450
226 | 314 | 136
7 | 219 | 95 | 41

Seiten 16 – 17

1. a) Möglichkeit A:
400 + 50 + 20 + 6 + 4 = 480
Möglichkeit B: 456 + 20 + 4 = 480
b) Möglichkeit A:
200 + 30 + 50 + 8 + 6 = 294
Möglichkeit B: 238 + 50 + 6 = 294
c) Möglichkeit A:
200 + 100 + 70 + 30 + 8 + 5 = 413
Möglichkeit B:
278 + 100 + 30 + 5 = 413
d) Möglichkeit A:
100 + 70 + 40 + 8 + 5 = 223
Möglichkeit B: 178 + 40 + 5 = 223
e) Möglichkeit A:
200 + 80 + 60 + 5 + 2 = 347
Möglichkeit B: 285 + 60 + 2 = 347
f) Möglichkeit A:
700 + 50 + 80 + 6 + 7 = 843
Möglichkeit B: 756 + 80 + 7 = 843

2.
a) Möglichkeit A: 8 000 + 3 000 + 600 + 400 = 12 000
Möglichkeit B: 8 600 + 3 000 + 400 = 12 000

b) Möglichkeit A: 9 000 + 3 000 + 200 + 500 + 20 = 12 720
Möglichkeit B: 9 200 + 3 000 + 500 + 20 = 12 720

c) Möglichkeit A: 2 000 + 3 000 + 900 + 400 + 80 = 6 380
Möglichkeit B: 2 980 + 3 000 + 400 = 6 380

d) Bei der Addition mit drei Zahlen ist Möglichkeit B nicht so geschickt. Eine Aufteilung in einzelne Stellenwerte ist sinnvoller.
Möglichkeit A: 2 000 + 4 000 + 4 000 + 500 + 100 + 200 + 30 = 10 830
Möglichkeit B: 2 500 + 4 100 + 4 000 + 200 + 30 = 10 830

e) Möglichkeit A: 7 000 + 2 000 + 1 000 + 800 + 300 + 100 + 90 + 10 = 11 300
Möglichkeit B: 7 890 + 2 300 + 1 000 + 100 + 10 = 11 300

f) Möglichkeit A: 150 000 + 50 000 + 10 000 + 7 000 + 4 000 + 2 000 + 600 + 40 = 223 640
Möglichkeit B: 157 000 + 54 000 + 12 000 + 600 + 40 = 223 640

3. a) 1 000 b) 10 000 c) 11 111

4. a) 78 + 42 = 120
b) 56 + 36 = 92
c) 1 290 + 325 = 1 615
d) 17 360 + 5 052 = 22 412

5. Vier Pizzas kosten 4 · 5 € = 20 €
20 € – 4 ct = 19,96 €
Getränke: 2 · 1 € = 2 €
2 · 1,50 € = 3 €
Gesamt: 19,96 € + 2 € + 3 € = 24,96 €
30 € – 24,96 € = 5,04 €
Antwort: Jasmin bekommt 5,04 € zurück.

6.

240 + 260 = 500	125 + 375 = 500
254 + 246 = 500	167 + 333 = 500
308 + 192 = 500	347 + 153 = 500
354 + 146 = 500	349 + 151 = 500

7. Die zwei Zahlen heißen 9 und 16.
9 + 16 = 25
16 – 9 = 7

Seiten 18 – 19

1. a) 894 – 100 + 2 = 796
b) 789 – 100 + 5 = 694
c) 23 569 – 100 + 6 = 23 475
d) 178 982 – 100 + 11 = 178 893

2. a) 459 – 300 + 1 = 160
b) 78 956 – 900 + 12 = 78 068
c) 298 950 – 700 + 8 = 298 258

3. 370 € – 98 € – 87 € – 93 € – 89 € = 3 €
oder:
370 € – 100 € + 2 € = 272 €
272 € – 100 € + 13 € = 185 €
185 € – 100 € + 7 € = 92 €
92 € – 89 € = 3 €
Antwort: Das Geld reicht. Sie hat noch 3 € übrig.

4. a) 236 b) 370 c) 586

5.

94 → (– 89) → 5 → (+ 95) → 100 → (: 100) → 1
94 ← (+ 89) ← 5 ← (– 95) ← 100 ← (· 100) ← 1

Die gedachte Zahl heißt 94.

6. 490 – 89 = 401
872 – 292 = 580
982 – 299 = 683
762 – 285 = 477

Seiten 20 – 21

1. a) Möglichkeit A: 854 – 60 – 2 = 792
Möglichkeit B: 854 – 70 + 8 = 792
b) Möglichkeit A: 921 – 40 – 4 = 877
Möglichkeit B: 921 – 50 + 6 = 877
c) Möglichkeit A:
762 – 100 – 40 – 4 = 618
Möglichkeit B: 762 – 150 + 6 = 618
d) Möglichkeit A:
863 – 100 – 40 – 7 = 716
Möglichkeit B: 863 – 150 + 3 = 716

zu den Seiten 20 – 21:

e) Möglichkeit A:
8 720 – 500 – 90 = 8 130
Möglichkeit B:
8 720 – 600 + 10 = 8 130

f) Möglichkeit A:
9 200 – 300 – 80 – 9 = 8 811
Möglichkeit B:
9 200 – 400 + 11 = 8 811

2. Bei der ersten Tabelle ist Möglichkeit A schneller.
155 – 30 – 2 = 123
398 – 30 – 2 = 366
555 – 30 – 2 = 523
490 – 30 – 2 = 458
278 – 30 – 2 = 246

Bei der zweiten Tabelle kann man beide Möglichkeiten wählen.

Möglichkeit A:
344 – 70 – 5 = 269
522 – 70 – 5 = 447
821 – 70 – 5 = 746
123 – 70 – 5 = 48
701 – 70 – 5 = 626

Möglichkeit B:
344 – 100 + 25 = 269
522 – 100 + 25 = 447
821 – 100 + 25 = 746
123 – 100 + 25 = 48
701 – 100 + 25 = 626

Bei der dritten Tabelle fehlt die Pfeilvorschrift. Die letzte Aufgabe hilft dir hier weiter. Um von 7 251 auf die Zahl 7 209 zu kommen, musst du 42 subtrahieren. Also heißt die Vorschrift: – 42
Das Ergebnis der linken Kästchen erhältst du mit der Umkehraufgabe.

4 848 + 42 = 4 890
3 803 – 42 = 3 761
1 989 + 42 = 2 031
5 000 – 42 = 4 958
7 251 – 7 209 = 42

3. 820 – 210 = 610
610 – 45 = 565
565 – 75 = 490
490 – 180 = 310
310 – 175 = 135
135 – 90 = 45

Ziel: 45

4. Eine Subtraktion im Kopf ist sinnvoll bei folgenden Aufgaben:
258 – 98   4,28 € – 1,22 €
98 – 19   2,40 m – 1,20 m

5. 2 x 9,80 € = 19,60 €
4 x 50 ct = 2,00 €
19,60 € + 2,00 € + 1,40 € = 23,00 €
23,00 € + 12,50 € = 35,50 € → zu teuer!
23,00 € + 10,25 € = 33,25 € → Geld reicht!
34,00 € – 33,25 € = 0,75 €
Antwort: Das Geld reicht zusätzlich nur noch für das Rätselheft. Sie bekommt dann noch 75 ct zurück.

6. a) 1 345 – 215 = 1 130
b) 580 – 342 = 238
c) 10 000 – 211 = 9 789
d) 78 000 – 8 400 = 69 600

7. a) Beginne mit der Rechnung 2 500 – 342 = 2 158.
Du weißt jetzt, das schwarze Dreieck steht für die Zahl 2 158.
Setze das Ergebnis in die obere Rechnung ein, und du erhältst:
2 158 – 158 = □   □ = 2 000
▲ = 2 158

b) Beginne mit der Rechnung 6 000 – 352 = 5 648.
Du weißt jetzt, das Dreieck steht für die Zahl 5 648.
Setze das Ergebnis in die obere Rechnung ein, und du erhältst:
5 648 – 252 = ◒   ◒ = 5 396
▽ = 5 648

c) 80 − 25 = 55
✱ = 50
55 − ◈ = ⊙ kann noch nicht berechnet werden, also rechne ich
⊙ − 6 = 2
⊙ = 8, dieses Ergebnis kann ich jetzt in die zweite Rechnung einsetzen:
55 − ◈ = 8
◈ = 47
also: 80 − 25 = 55
55 − 47 = 8
8 − 6 = 2

Seiten 22 – 23

1. a)
$$\begin{array}{rrrrr} & 2 & 4 & 9 & 7 \\ + & 4 & 7 & 8 & 2 \\ & {\scriptstyle 1} & {\scriptstyle 1} & & \\ \hline & 7 & 2 & 7 & 9 \end{array}$$

b)
$$\begin{array}{rrrrrr} & & 4 & 6 & 3 & 8 \\ + & & 8 & 5 & 4 & 1 \\ & {\scriptstyle 1} & {\scriptstyle 1} & & & \\ \hline & 1 & 3 & 1 & 7 & 9 \end{array}$$

c)
$$\begin{array}{rrrrr} & 1 & 5 & 9 & 4 \\ & 3 & 9 & 9 & 9 \\ & 2 & 0 & 9 & 5 \\ + & 1 & 8 & 3 & 1 \\ & {\scriptstyle 2} & {\scriptstyle 3} & {\scriptstyle 1} & \\ \hline & 9 & 5 & 1 & 9 \end{array}$$

d)
$$\begin{array}{rrrrrr} & & 5 & 7 & 8 & 9 \\ & & 6 & 7 & 4 & 3 \\ & & 4 & 3 & 3 & 1 \\ & & 5 & 6 & 7 & 2 \\ + & & 2 & 3 & 2 & 3 \\ & {\scriptstyle 2} & {\scriptstyle 2} & {\scriptstyle 2} & {\scriptstyle 1} & \\ \hline & 2 & 4 & 8 & 5 & 8 \end{array}$$

2. a)
$$\begin{array}{rrrrr} & 2 & 3 & 7 & 6 \\ + & 5 & 3 & 2 & 2 \\ \hline & 7 & 6 & 9 & 8 \end{array}$$

b)
$$\begin{array}{rrrrr} & & 8 & 6 & 3 \\ + & & 2 & 2 & 2 \\ & {\scriptstyle 1} & & & \\ \hline & 1 & 0 & 8 & 5 \end{array}$$

Überprüfe bei der Kontrolle, ob du bei der Addition mit deinen Ergebnissen auf die vorgegebenen Lösungen kommst.

3. a)
$$\begin{array}{rrrrrr} & 1 & 2 & 3 & 5 & 6 \\ & & 3 & 4 & 7 & 8 \\ & & 8 & 9 & 9 & 2 \\ & & 2 & 3 & 2 & 4 \\ & & & 4 & 6 & 7 \\ & & 3 & 2 & 3 & 2 \\ & & 1 & 8 & 9 & 9 \\ + & 2 & 3 & 6 & 6 & 6 \\ & {\scriptstyle 2} & {\scriptstyle 4} & {\scriptstyle 5} & {\scriptstyle 4} & \\ \hline & 5 & 6 & 4 & 1 & 4 \end{array}$$

b)
$$\begin{array}{rrrrrrr} & & 8 & 8 & 9 & 9 & 9 \\ & & 2 & 1 & 3 & 6 & 7 \\ & & & & 4 & 3 & 2 \\ & & & 6 & 5 & 7 & 8 \\ & & & 4 & 9 & 9 & 9 \\ & & & 2 & 1 & 0 & 3 \\ & & & 4 & 8 & 5 & 0 \\ + & & & & & 3 & 2 \\ & {\scriptstyle 1} & {\scriptstyle 2} & {\scriptstyle 4} & {\scriptstyle 4} & {\scriptstyle 4} & \\ \hline & 1 & 2 & 9 & 3 & 6 & 0 \end{array}$$

4. a)
$$\begin{array}{rrrrrr} & & 9 & 8 & 8 & 9 \\ & & 8 & 9 & 9 & 8 \\ + & & 7 & 8 & 8 & 9 \\ & {\scriptstyle 2} & {\scriptstyle 2} & {\scriptstyle 2} & {\scriptstyle 2} & \\ \hline & 2 & 6 & 7 & 7 & 6 \end{array}$$

c)
$$\begin{array}{rrrrrr} & & 8 & 8 & 7 & 7 \\ & & & & & 9 \\ + & & 7 & 9 & 7 & 0 \\ & {\scriptstyle 1} & {\scriptstyle 1} & {\scriptstyle 1} & {\scriptstyle 1} & \\ \hline & 1 & 6 & 8 & 5 & 6 \end{array}$$

b)
$$\begin{array}{rrrrrr} & & 8 & 9 & 5 & 6 \\ & & 7 & 5 & 5 & 8 \\ + & & 9 & 5 & 7 & 7 \\ & {\scriptstyle 2} & {\scriptstyle 2} & {\scriptstyle 1} & {\scriptstyle 2} & \\ \hline & 2 & 6 & 0 & 9 & 1 \end{array}$$

5. a) Bei der Addition werden verschiedene Zahlen addiert.
b) Bei der Addition dürfen die Zahlen selbstverständlich vertauscht werden. Durch ein Vertauschen kann man sich manchmal Rechenvorteile verschaffen.
c) Der erste Summand und der zweite Summand bilden zusammen die Summe.
d) Bei der Addition schreibe ich immer die Zehnerzahlen unter die Zehnerzahlen, und die Einerzahlen unter die Einerzahlen.

Seiten 24 – 25

1. Nach Möglichkeit 1:

a)
$$\begin{array}{r} 689 \\ -\ 425 \\ \hline 264 \end{array}$$

b)
$$\begin{array}{r} 395\,468 \\ -\ \ \ 4\,108 \\ \hline 391\,360 \end{array}$$

c)
$$\begin{array}{r} 437\,892 \\ -\ 116\,842 \\ \hline 321\,050 \end{array}$$

Nach Möglichkeit 2:

a)
$$\begin{array}{r} 689 \\ -\ 425 \\ \hline 264 \end{array}$$

b)
$$\begin{array}{r} 395\,468 \\ -\ \ \ 4\,108 \\ \hline 391\,360 \end{array}$$

c)
$$\begin{array}{r} 437\,892 \\ -\ 116\,842 \\ \hline 321\,050 \end{array}$$

Du siehst, beide Möglichkeiten kommen zum selben Ergebnis.

zu den Seiten 24 – 25:

2. Nach Möglichkeit 1:

a)
$$\begin{array}{r} 7\,889\,321 \\ -\;3\,657\,566 \\ {\scriptstyle 1\;\;1\,1\;\;} \\ \hline 4\,231\,755 \end{array}$$

b)
$$\begin{array}{r} 100\,000 \\ -\;43\,572 \\ {\scriptstyle 1\,1\,1\;\;1\,1\;} \\ \hline 56\,428 \end{array}$$

Nach Möglichkeit 2:

a)
$$\begin{array}{r} {\scriptstyle 8\;\;2\,1\;} \\ 7\,88\not{9}\,\not{3}\not{2}1 \\ -\;3\,657\,566 \\ \hline 4\,231\,755 \end{array}$$

b)
$$\begin{array}{r} {\scriptstyle 0\,9\,9\;\;9\,9\;} \\ \not{1}\not{0}\not{0}\,\not{0}\not{0}0 \\ -\;43\,572 \\ \hline 56\,428 \end{array}$$

3. a) Es wurde addiert, statt subtrahiert.
b) Die Stellenwerte wurden nicht korrekt untereinander geschrieben.
c) Hier wurde die große Zahl von der kleinen Zahl abgezogen!

4. Nach Möglichkeit 1:

a)
$$\begin{array}{r} 43\,789 \\ -\;1\,352 \\ -\;1\,425 \\ \hline 41\,012 \end{array}$$

c)
$$\begin{array}{r} 455\,221 \\ -\;189\,200 \\ -\;86\,020 \\ {\scriptstyle 2\,1\;\;\;\;\;\;\;\;} \\ \hline 180\,001 \end{array}$$

b)
$$\begin{array}{r} 906\,000 \\ -\;225\,111 \\ -\;168\,589 \\ {\scriptstyle 1\,1\,1\;\;1\,1\;} \\ \hline 512\,300 \end{array}$$

Nach Möglichkeit 2:

a)
$$\begin{array}{r} 43\,789 \\ -\;1\,352 \\ -\;1\,425 \\ \hline 41\,012 \end{array}$$

c)
$$\begin{array}{r} {\scriptstyle 2\,4\;\;\;\;\;\;\;\;} \\ \not{4}\not{5}5\,221 \\ -\;189\,200 \\ -\;86\,020 \\ \hline 180\,001 \end{array}$$

b)
$$\begin{array}{r} {\scriptstyle 8\,9\,5\;\;9\,9\;} \\ \not{9}\not{0}\not{6}\,\not{0}\not{0}0 \\ -\;225\,111 \\ -\;168\,589 \\ \hline 512\,300 \end{array}$$

5. Rechnung 1: Alle Zahlen mit Pluszeichen zum Minuend (der größten Zahl) addieren.
Rechnung 2: Von diesem Ergebnis alle Minuszahlen abziehen.

Rechnung 1:
$$\begin{array}{r} 987\,355 \\ 20\,903 \\ 280 \\ 75\,822 \\ +\;3\,720 \\ {\scriptstyle 1\;\;1\,1\,3\;\;1\,1\;} \\ \hline 1\,088\,080 \end{array}$$

Rechnung 2:
$$\begin{array}{r} 1\,088\,080 \\ -\;3\,480 \\ -\;560 \\ -\;19\,340 \\ {\scriptstyle 1\;\;2\;\;1\;\;} \\ \hline 1\,064\,700 \end{array}$$

Seiten 26 – 27

1.

a) $8 \cdot 50 = 400$
$9 \cdot 60 = 540$
$7 \cdot 70 = 490$

d) $5 \cdot 9 = 45$
$8 \cdot 7 = 56$
$6 \cdot 7 = 42$

b) $90 \cdot 7 = 630$
$70 \cdot 5 = 350$
$80 \cdot 3 = 240$

e) $3 \cdot 100 = 300$
$3 \cdot 80 = 240$
$8 \cdot 70 = 560$

c) $5 \cdot 500 = 2\,500$
$4 \cdot 600 = 2\,400$
$2 \cdot 700 = 1\,400$

f) $6 \cdot 20 = 120$
$7 \cdot 60 = 420$
$9 \cdot 40 = 360$

2. Halbschriftlich gerechnet:

a) $\underline{131 \cdot 2 = 262}$
$1 \cdot 2 = 2$
$30 \cdot 2 = 60$
$100 \cdot 2 = 200$

c) $\underline{212 \cdot 4 = 848}$
$2 \cdot 4 = 8$
$10 \cdot 4 = 40$
$200 \cdot 4 = 800$

b) $\underline{333 \cdot 3 = 999}$
$3 \cdot 3 = 9$
$30 \cdot 3 = 90$
$300 \cdot 3 = 900$

d) $\underline{223 \cdot 3 = 669}$
$3 \cdot 3 = 9$
$20 \cdot 3 = 60$
$200 \cdot 3 = 600$

Oder kürzer:

b)
$$\begin{array}{r} \underline{333 \cdot 3} \\ 9 \\ 90 \\ \underline{900} \\ \underline{999} \end{array}$$

c)
$$\begin{array}{r} \underline{212 \cdot 4} \\ 8 \\ 40 \\ \underline{800} \\ \underline{848} \end{array}$$

d) $\underline{223 \cdot 3}$
9
60
$\underline{600}$
669

schriftlich gerechnet:

a) $\underline{131 \cdot 2}$
262

c) $\underline{212 \cdot 4}$
848

b) $\underline{333 \cdot 3}$
999

d) $\underline{223 \cdot 3}$
669

3. a) $539 \cdot 6$
2 5
3234

e) $724 \cdot 5$
1 2
3620

b) $966 \cdot 7$
4 4
6762

f) $7124 \cdot 5$
1 2
35620

c) $614 \cdot 3$
1
1842

g) $294 \cdot 4$
3 1
1176

d) $417 \cdot 8$
1 5
3336

h) $1264 \cdot 5$
1 3 2
6320

4. a) $\underline{527 \cdot 36}$
1581
$\underline{3162}$
18972

e) $\underline{225 \cdot 25}$
450
$\underline{1125}$
5625

b) $\underline{466 \cdot 47}$
1864
$\underline{3262}$
21902

f) $\underline{514 \cdot 37}$
1542
$\underline{3598}$
19018

c) $\underline{984 \cdot 73}$
6888
$\underline{2952}$
71832

g) $\underline{665 \cdot 44}$
2660
$\underline{2660}$
29260

d) $\underline{984 \cdot 91}$
8856
$\underline{984}$
89544

h) $\underline{124 \cdot 85}$
992
$\underline{620}$
10540

Seiten 28 – 29

1.

a)

$\cdot 2$ →	
82	164
65	130
74	148

b)

$\cdot 4$ →	
16	64
51	204
23	92

c)

$\cdot 5$ →	
25	125
21	105
32	160

2. a) $6 \cdot 12 = 60 + 12 = 72$
$7 \cdot 15 = 70 + 35 = 105$
$8 \cdot 19 = 80 + 72 = 152$

b) $4 \cdot 22 = 80 + 8 = 88$
$3 \cdot 39 = 90 + 27 = 117$
$5 \cdot 26 = 100 + 30 = 130$

3. a) $\underline{4398 \cdot 50}$
219900

c) $\underline{8935 \cdot 30}$
268050

b) $\underline{6165 \cdot 40}$
246600

d) $\underline{6193 \cdot 70}$
433510

4. Wenn du einen anderen Überschlag gewählt hast, der aber auch nah am Ergebnis ist, ist das genauso richtig.

a) $\underline{274 \cdot 3}$ **Ü:** $300 \cdot 3 = 900$
822

b) $\underline{665 \cdot 4}$ **Ü:** $700 \cdot 4 = 2\,800$
2660

c) $\underline{984 \cdot 7}$ **Ü:** $1\,000 \cdot 7 = 7\,000$
6888

d) $\underline{466 \cdot 6}$ **Ü:** $500 \cdot 6 = 3\,000$
2796

e) $\underline{324 \cdot 5}$ **Ü:** $300 \cdot 5 = 1\,500$
1620

f) $\underline{284 \cdot 9}$ **Ü:** $300 \cdot 9 = 2\,700$
2556

zu den Seiten 28 – 29:

5. a) 201 · 4 = 804 **Ü:** 200 · 4 = 800

b) 306 · 30 = 9180 **Ü:** 300 · 30 = 9 000

c) 804 · 3 = 2412 **Ü:** 800 · 3 = 2 400

d) 9420 · 50 = 471000 **Ü:** 9 000 · 50 = 450 000

e) 190 · 9 = 1710 **Ü:** 200 · 9 = 1 800

f) 5020 · 20 = 100400 **Ü:** 5 000 · 20 = 100 000

Seiten 30 – 33

1. Wenn du einen anderen Überschlag gemacht hast, der aber auch nah am Ergebnis ist, ist das genauso gut. Deine Treppen werden kürzer, wenn du gleich die nächste Zahl herunterholst, sobald du noch nicht dividieren kannst.

```
685 : 5 = 137
5
18
15
 35
 35
  0
```

Ü: 700 : 5 = 140

```
4685 : 5 = 937
45
 18
 15
  35
  35
   0
```

Ü: 4 500 : 5 = 900

```
19685 : 5 = 3937
15
 46
 45
  18
  15
   35
   35
    0
```

Ü: 20 000 : 5 = 4 000

2.

```
30612 : 6 = 5102
30
06
 6
 012
  12
   0
```

Ü: 5 000 · 6 = 30 000

```
45320 : 4 = 11330
4
05
 4
 13
 12
  12
  12
   00
    0
    0
```

Ü: 11 000 · 4 = 44 000

```
28512 : 3 = 9504
27
 15
 15
  012
   12
    0
```

Ü: 10 000 · 3 = 30 000

3.

```
43249 : 8 = 5406 R 1
40
 32
 32
  049
   48
    1
```

U: 5 406 · 8 = 43 248
43 248 + 1 = 43 249

26513 : 3 = 8837 R 2
24
25
24
11
9
23
21
2

U: 8 837 · 3 = 26 511
26 511 + 2 = 26 513

34203 : 4 = 8550 R 3
32
22
20
20
20
03

U: 8 550 · 4= 34 200
34 200 + 3= 34 203

6303 : 7 = 900 R 3
63
003

U: 900 · 7 = 6 300
6 300 + 3= 6 303

4. Die Zahlen 1, 2, und 5 teilen 50 ohne Rest.
50 : **1** = 50
50 : **2** = 25
50 : **5** = 50

5. 17033 : 2 = 8516 R 1
16
10
10
03
2
13
12
1

51805 : 7 = 7400 R 5
49
28
28
005

21322 : 4 = 5330 R 2
20
13
12
12
12
02

54099 : 6 = 9016 R 3
54
009
6
39
36
3

6. 18764 : 8 = 2345 R 4
16
27
24
36
32
44
40
4

27693 : 9 = 3077
27
069
63
63
63
0

27157 : 4 = 6789 R 1
24
31
28
35
32
37
36
1

zu den Seiten 30 – 33:

```
42161 : 7 = 6023
42
 016
  14
   21
   21
    0
```

7.

a) 63 : 9 = 7
56 : 7 = 8
48 : 8 = 6

b) 160 : 4 = 40
250 : 5 = 50
270 : 3 = 90

c) 160 : 40 = 4
180 : 20 = 9
490 : 70 = 7

d) 45 : 9 = 5
56 : 7 = 8
63 : 9 = 7

e) 270 : 30 = 9
210 : 70 = 3
120 : 60 = 2

f) 1 800 : 20 = 90
4 800 : 80 = 60
1 200 : 30 = 40

Seiten 34 – 35

1. Wenn du einen anderen Überschlag gemacht hast, der aber auch nah am Ergebnis ist, ist das genauso gut.

```
1726 : 2 = 863
16
 12
 12
  06
   6
   0
```

Ü: 1 800 : 2 = 900

```
17260 : 20 = 863
160
 126
 120
   60
   60
    0
```

Ü: 18 000 : 20 = 900

```
5698 : 7 = 814
56
 09
  7
  28
  28
   0
```

Ü: 5 600 : 7 = 800

```
56980 : 70 = 814
560
   98
   70
  280
  280
    0
```

Ü: 56 000 : 70 = 800

2.

```
66150 : 90 = 735
630
 315
 270
  450
  450
    0
```

Ü: 63 000 : 90 = 700

```
27450 : 30 = 915
270
   45
   30
  150
  150
    0
```

Ü: 27 000 : 30 = 900

```
34080 : 40 = 852
320
 208
 200
   80
   80
    0
```

Ü: 32 000 : 40 = 800

3.

2618 : 11 = 238
22
41 **Ü:** 2 200 : 11 = 200
33
88
88
0

95216 : 11 = 8656
88
72 **Ü:** 99 000 : 11 = 9 000
66
61
55
66
66
0

34078 : 11 = 3098
33
107 **Ü:** 33 000 : 11 = 3 000
99
88
88
0

3069 : 11 = 279
22
86
77 **Ü:** 3 300 : 11 = 300
99
99
0

4. 1 · 12 = 12
2 · 12 = 24
3 · 12 = 36
4 · 12 = 48
5 · 12 = 60
6 · 12 = 72
7 · 12 = 84
8 · 12 = 96
9 · 12 = 108
10 · 12 = 120

19152 : 12 = 1596
12
71
60
115
108
72
72
0

42936 : 12 = 3578
36
69
60
93
84
96
96
0

Seiten 36 – 37

1. a) 25 + 8 · 6 = 25 + 48 = 73
b) 70 + 6 · 80 = 70 + 480 = 550
c) 4 · 7 + 4 · 8 = 28 + 32 = 60
d) 78 + 7 · 9 = 78 + 63 = 141
e) 90 + 30 · 3 = 90 + 90 = 180
f) 3 · 5 + 7 · 20 = 15 + 140 = 155

2. a) 34 + 8 : 2 = 34 + 4 = 38
b) 54 + 72 : 9 = 54 + 8 = 62
c) 382 – 24 : 8 = 382 – 3 = 379
d) 60 – 64 : 8 = 60 – 8 = 52
e) 499 – 54 : 9 = 499 – 6 = 493
f) 90 : 10 – 16 : 2 = 9 – 8 = 1

3. a) (100 – 30) · 3 = 70 · 3 = 210
b) 120 : (58 – 38) = 120 : 20 = 6
c) (7 – 3) · 40 = 4 · 40 = 160
d) (216 – 100) · 2 = 116 · 2 = 232
e) (316 + 44) : 4 = 360 : 4 = 90
f) 400 : (25 – 5) = 400 : 20 = 20

4. a) (230 – 30) · 3 = 200 · 3 = 600
230 – 30 · 3 = 230 – 90 = 140
b) 8 · 25 – 5 = 200 – 5 = 195
8 · (25 – 5) = 8 · 20 = 160

zu den Seiten 36 – 37:

c) 200 : 20 + 15 = 10 + 15 = 25
200 : (20 − 15) = 200 : 5 = 40

d) 500 : (10 − 5) = 500 : 5 = 100
500 : 10 − 5 = 50 − 5 = 45

5. a) Hier sind nur einige Beispiele abgedruckt. Du bist vielleicht auf ganz andere Aufgaben gekommen. Auch bist du wahrscheinlich viel schneller zum Ergebnis gelangt, was gut so ist. Nur zur Verdeutlichung ist hier Schritt für Schritt gerechnet worden.
(10 − 5) · 5 + 15 = 5 · 5 + 15 =
25 + 15 = 40
5 · (10 + 5) = 5 · 15 = 75
(10 − 5) · (15 − 5) = 5 · 10 = 50

b) 15 · (10 + 5) = 225

6. Hier sind nur einige Beispiele gegeben. Du bist vielleicht auf ganz andere Aufgaben gekommen. Wenn du bei deinen Lösungen unsicher bist, zeige sie deinen Eltern oder einem Freund oder einer Freundin.

20
(735 − 655) : 4
1 840 : 2 − 900
5 · 3 + 2 · 2 + 1

50
(6 000 − 5 850) : 3
660 : 20 + 17
50 − 5 + 30 : 6

100
(30 + 20) · 2
(30 − 10) · (20 − 15)
(150 : 3) · (24 − 22)

Seiten 38 – 39

1. Für jede richtige Zahl gibt es **1 P.**
a = 48 000; b = 60 000; c = 66 000;
d = 76 000; e = 92 000

2. Für jede richtige Zahl gibt es **1 P.**

gerundet auf:	**T**	**ZT**
364 023:	364 000	360 000
4 608 571:	4 609 000	4 610 000

gerundet auf:	**HT**	**M**
364 023:	400 000	0
4 608 571:	4 600 000	5 000 000

3. Für jeden richtig ergänzten Stein gibt es **1 P**. Wenn du einen Fehler gemacht hast, und dadurch auch andere Steine falsch berechnet wurden, gibt dies keinen weiteren Punktabzug.

	484		
229	255		
108	121	134	
63	45	76	58

	1 000		
567	433		
256	311	122	
44	212	99	23

4. a) 156 + 33 = 189 **1 P.**
b) 693 + 271 = 964 **1 P.**
c) 437 + 73 + 186 = 696 **2 P.**
Zwischenschritt: 437 + 73 + 398 − 212 =
437 + 73 + 186 = 696

5. Tipp: Zunächst errechnest du die erste Zeile, also das Lachgesicht. Dann errechnest du die letzte Zeile, also die Raute. Dann kannst du auch ausrechnen, für welche Zahl die Sonne steht.

Für jedes richtig errechnete Symbol gibt es **1 P.**

a) 880 − 76 = **804** ☺ = 804
804 − **55** = **749** ☼ = 55
749 − 700 = 49 ◈ = 749

b) 1 000 − **333** = 667 ☺ = 333
667 − **68** = **599** ☼ = 68
599 − 99 = 500 ◈ = 599

6. Für jede richtig gerechnete Aufgabe gibt es **2 P.** Wenn eine Aufgabe noch zum Teil richtig ist, gibt es einen **1 P.**

a) 215 · 43
860
645
9245

b) 894 · 37
2682
6258
33078

c) 501 · 29
1002
4509
14529

7. Für jede richtig gerechnete Aufgabe gibt es **1 P.**, für jeden richtigen Überschlag und jede richtige Umkehraufgabe gibt es zudem **1 P.** Wenn du einen anderen Überschlag gewählt hast, der aber auch nah am Ergebnis ist, ist das genauso richtig.

a) 22188 : 3 = 7396
21
11
9
28
27
18
18
0

Ü: 21 000 : 3 = 7 000

54801 : 9 = 6089
54
080
72
81
81
0

Ü: 54 000 : 9 = 6 000

b) 42036 : 8 = 5254 R 4
40
20
16
43
40
36
32
4

U: 5 254 · 8 = 42 032
42 032 + 4 = 42 036

64903 : 7 = 9271 R 6
63
19
14
50
49
13
7
6

U: 9 271 · 7 = 64 897
64 897 + 6 = 64 903

8. Für jede richtige Aufgabe gibt es **2 P.** Hast du den ersten Zwischenschritt richtig berechnet, ist aber das Endergebnis falsch, gibt es noch **1 P.** pro Aufgabe.

a) 333 : 3 − 8 · 9 = 111 − 72 = 39
b) 3 222 − 1 100 : 50 =
3 222 − 22 = 3 200
c) (33 800 − 700) : 10 =
33 100 : 10 = 3 310

Punkte und Noten:
Lies an dieser Tabelle ab, welche Note du für deine Punktzahl bekommst, und trage sie unter den Test ein.

Punkte	Note
55–54	1
53–51	1,5
50–47	2
46–42	2,5
41–36	3
35–32	3,5
31–28	4
27–19	4,5
18–11	5
10–6	5,5
5–0	6

Liegen deine Noten zwischen 2,5 und 3,4, dann sollte deinem Weg in die Realschule nichts mehr entgegenstehen.

Seiten 40 – 41

1.

1 000 €	100 €	10 €	1 €	10 ct	1 ct	
0	7	0	4	1	0	a) = 704,10 €
0	0	2	1	3	0	b) = 21,30 €
0	9	1	0	0	5	c) = 910,05 €
0	0	0	2	9	5	d) = 2,95 €
6	0	1	2	0	0	e) = 6 012,00 €

2.

1 000 €	100 €	10 €	1 €	10 ct	1 ct
0	0	2	7	0	0
0	0	0	0	4	1
0	0	0	0	7	0
0	3	0	8	0	0

3.

1 000 €	100 €	10 €	1 €	10 ct	1 ct
0	0	0	1	0	1
0	0	2	1	3	4
0	1	6	7	0	4

von oben nach unten:
1,01 €; 21,34 €; 167,04 €

4.

1 000 €	100 €	10 €	1 €	10 ct	1 ct
0	0	0	6	4	0
0	0	0	6	1	4
0	6	0	3	0	0
0	0	0	6	0	3
0	0	0	0	6	0
0	0	6	0	0	0

von oben nach unten:
6,40 €; 6,14 €; 603,00 €; 6,03 €;
6,13 €; 0,60 €; 60,00 €

Nach der Größe geordnet:
0,60 € < 6,03 € < 6,14 € < 6,40 € < 60,00 € < 603,00 €

Seiten 42 – 43

1.

  2,86 €
  2,45 €
  0,59 €
  1,00 €
  2,80 €
+ 3,17 €
  2 2
12,87 €

2. a) Frau Schneider zahlt
für Tomaten: 286 ct · 4 = 1 144 ct
für Melonen: 280 ct · 8 = 2 240 ct

b) zusammen sind das:
11,44 €
22,40 €
33,84 €

3. a) 5 250 ct · 120 = 630 000 ct = 6 300 €
b) 1. Woche:
5 250 ct · 44 = 231 000 ct = 2 310 €
2. Woche:
5 250 ct · 31 = 162 750 ct = 1 627,50 €

4. 16,50 € = 1 650 ct
1 650 ct : 3 = 550 ct = 5,50 €

Antwort: Jede der Freundinnen bezahlt 5,50 €.

Seiten 44 – 45

1.

Länge in m	Preis in €
1	1,20
2	2,40
5	6,00
(1 m + 2 m + 5 m =) 8	9,60 (= 1,20 € + 2,40 € + 6,00 €)

2. Regalböden:

Länge in m	Preis in €
0,25	1,50
0,50	3,00
0,75	4,50
1,00	6,00
1,25	7,50
1,50	9,00
2,00	12,00
2,50	15,00

4.

Wasser	
Anzahl (Becher)	**Preis (€)**
1	0,30
2	0,60
3	0,90
4	1,20
5	1,50
6	1,80
7	2,10
8	2,40

3.

Limo						
Anzahl Becher	1	2	3	4	5	6
Preis (€)	0,40	0,80	1,20	1,60	2,00	2,40

5.

Hefte						
Hefte (Anzahl)	1	2	3	4	5	6
Preis (€)	0,65	1,30	1,95	2,60	3,25	3,90

Seiten 46 – 47

1. a)
6,15 € ≈ 6,00 €
12,49 € ≈ 12,00 €
0,51 € ≈ 1,00 €
1,25 € ≈ 1,00 €
1,52 € ≈ 2,00 €
4,63 € ≈ 5,00 €
+14,75 € ≈ +15,00 €

b) 41,30 € ≈ 42,00 €

2. 0,89 € ≈ 1 € 4 · 1 € = 4 €
0,59 € ≈ 1 € 16 · 1 € = 16 €
1,21 € ≈ 1 € 6 · 1 € = +6 €
26 €

3. 4,79 € ≈ 5,00 €
13,02 € ≈ 13,00 €
0,59 € ≈ 1,00 €
2,19 € ≈ 2,00 €
Summe: 21,00 €

Antwort: Anna hat recht.

4. Ein Blöckchen kostet ungefähr 50 ct.
5 · 50 ct = 250 ct = 2,50 €. 2,70 reichen also sicher.

5. 168,20 € ≈ 170 €
212,80 € ≈ 200 €
149,50 € ≈ 150 €
+ 361,70 € ≈ 360 €
892,20 € ≈ 880 €

Seiten 48 – 49

1.

100 km	10 km	1 km	100 m	10 m	1 m
0	0	4	2	0	0
0	0	0	7	5	0
0	0	3	0	4	0
0	0	0	0	0	3
0	1	2	0	0	5
3	0	0	0	2	1

von oben nach unten:
4 200 m; 750 m; 3 040 m; 3 m; 12 005 m; 300 021 m

2. a) 34 500 m = 34,500 km oder 34,5 km (weil man ja die Nullen am Ende einer Kommazahl weglassen darf)
b) 0 km 81 m = 0,081 km
c) 6 250 m = 6,250 km oder 6,25 km
d) 977 m = 0,977 km
e) 44 km 303 m = 44,303 km
f) 136 km 6 m = 136,006 km

3. a) 17,256 km = 17 km 256 m
b) 21,4 km = 21 km 400 m
c) 2,340 km = 2 km 340 m
d) 129,05 km = 129 km 50 m
e) 500,005 km = 500 km 5 m
f) 40,50 km = 40 km 500 m

4. 1 600 m + 2 320 m + 789 m + 3 012 m + 1 045 m = 8 766 m
oder
1,600 km + 2,320 km + 0,789 km + 3,012 km + 1,045 km = 8,766 km
oder
1 km 600 m + 2 km 320 m + 0 km 789 m + 3 km 12 m + 1 km 45 m = 7 km 1 766 m = 8 km 766 m

5. 4 km 100 m = 4 100 m
4,101 km = 4 101 m
4 km 10 m = 4 010 m
1,400 km = 1 400 m

1 400 m < 4 010 m < 4 100 m < 4 101 m

Seiten 50 – 51

1. 145 m gerade nach „unten"; dann 100 m nach „rechts". Zusammen sind das 245 m Schulweg für Lisa.

2. 1. Abschnitt = 100 m;
2. Abschnitt = 75 m;
3. Abschnitt = 45 m;
4. Abschnitt = 75 m;
5. Abschnitt = 70 m;

6. Abschnitt = 70 m;
7. Abschnitt = 50 m;
8. Abschnitt = 70 m;
9. Abschnitt = 25 m;
10. Abschnitt = 150 m
Alle Abschnitte zusammen = 730 m

3. Der gesamte Rundweg ist 2,9 km + 0,3 km + 3,8 km oder 2 900 m + 300 m + 3 800 m = 7 000 m = 7 km lang.

4. a) Hinfahrt:
112 km + 70 km + 64 km = 246 km
Rückfahrt: 83 km + 126 km = 209 km
Zusammen: 246 km + 209 km = 455 km
Im Jahr sind das: 455 km · 3 = 1 365 km.
b) Die beiden Strecken unterscheiden sich um 37 km.

Seiten 52 – 53

1.

2 m	2,5 m	2,05 m	0,2 m
200 cm	250 cm	205 cm	20 cm

0,25 m	20 m	20,5 m	20,05 m
25 cm	2 000 cm	2 050 cm	2 005 cm

2.

1 m = 100 cm	10 cm	1 cm	
3	0	0	3,00 m
0	3	0	0,30 m
0	0	3	0,03 m
1	5	5	1,55 m
1	0	5	1,05 m
5	0	1	5,01 m
0	5	1	0,51 m
5	1	0	5,10 m

3. Folgende Angaben sind gleich:
0,2 m = 20 cm
23 cm = 0,23 m
4 m 8 cm = 4,08 m

4.

4 cm	40 cm	400 cm	4 m
40 mm	400 mm	4 000 mm	4 000 mm

0,4 m	0,04 m
400 mm	40 mm

5.

	3 m	300 cm	3 000 mm
+	0,3 m	30 cm	300 mm
Summe	3,3 m	330 cm	3 300 mm

	10 m	1 000 cm	10 000 mm
+	1 m	100 cm	1 000 mm
Summe	11 m	1 100 cm	11 000 mm

Seiten 54 – 55

1. Lineal → Ameise; Rechenheft
Zollstock → Höhe des Zimmers; Länge des Klassenraumes
Bandmaß → Breite eines Fußballplatzes; Länge eines gefällten Baumes

2. Sprungbrett: 3 m
Auto: 4,50 m
Spitzer: 2,5 cm
Kästchenbreite im Rechenheft: 5 mm
neuer Bleistift: 15 cm
Wal: 30 m

3. Hochhaus: 40 m
10-jähriges Kind: 1,30 m
Marienkäfer: 7 mm
Maus: 80 mm

4. a) Du hast 17 000 m (oder 17 km) geschafft.

zu den Seiten 54 – 55:

b) Das Schiff ist 25 000 m (oder 25 km) weit gekommen.

c) Der Wanderer ist nach einer halben Stunde 2 500 m (oder 2,5 km) weit gekommen.

Seiten 56 – 57

1.

4 kg	1 kg	3 kg	3,5 kg
4 000 g	1 000 g	3 000 g	3 500 g

3,05 kg	0,04 kg	0,004 kg	1,004 kg
3 050 g	40 g	4 g	1 004 g

2.

3 kg 200 g	0 kg 250 g	7 kg 600 g	2 kg 150 g
3 200 g	250 g	7 600 g	2 150 g
3,200 kg	0,250 kg	7,600 kg	2,150 kg

0 kg 103 g	10 kg 49 g	5 kg 108 g
103 g	10 049 g	5 108 g
0,103 kg	10,049 kg	5,108 kg

kg	100 g	10 g	1 g
3	2	0	0
0	2	5	0
7	6	0	0
2	1	5	0
0	1	0	3
10	0	4	9
5	1	0	8

3.

4 220 g = 4,220 kg → 4 kg 220 g
10 503 g = 10,503 kg → 10 kg 503 g
4 020 g = 4,020 kg
700 g = 0,700 kg → 0 kg 700 g
2 005 g = 2,005 kg

10 kg 503 g
1 kg 503 g
4 kg 220 g
20 kg 5 g
0 kg 700 g

Die Umwandlung sieht dann so aus:

10 kg 503 g = 10,503 kg
1 kg 503 g = 1,503 kg
4 kg 220 g = 4,220 kg
20 kg 5 g = 20,005 kg
0 kg 700 g = 0,700 kg

4.

8,907 kg = 8 907 g
0,004 kg = 4 g
2,455 kg = 2 455 g
9,050 kg = 9 050 g
zusammen: 20 416 g = 20,416 kg

b) 0 kg und 4 g
2 kg und 455 g
8 kg und 907 g
9 kg und 50 g

Seiten 58 – 59

1.

2 t	4,500 t	8,050 t	16,005 t
2 000 kg	4 500 kg	8 050 kg	16 005 kg

3 t	6,500 t	12,050 t	24,005 t
3 000 kg	6 500 kg	12 050 kg	24 005 kg

2. 7 Kisten wiegen 945 kg (= 135 kg · 7). Der Lieferwagen kann 7 Kisten aufladen. Nähme er 8 mit, wäre das Zuladungsgewicht von 1 t = 1 000 kg überschritten (1 080 kg).

3. 1 t 75 kg → 1,075 t
26 700 kg → 26,7 t

t	100 kg	10 kg	1 kg
26	7	0	0
1	7	5	0
1	0	7	5
26	0	7	0

4.

6,5 t	10,025 t	3,804 t	1,011 t
6 t 500 kg	10 t 25 kg	3 t 804 kg	1 t 11 kg
6 500 kg	10 025 kg	3 804 kg	1 011 kg
1,11 t	1,111 t	0,920 t	
1 t 110 kg	1 t 111 kg	0 t 920 kg	
1 110 kg	1 111 kg	920 kg	

t	100 kg	10 kg	1 kg
6	5	0	0
10	0	5	6
3	8	0	4
1	0	1	1
1	1	1	0
1	1	1	1
0	9	2	0

5.
1,240 t = 1 240 kg
1 240 kg · 8 = 9 920 kg

Antwort: Das sind insgesamt 9 920 kg.

Seiten 60 – 61

1. 3 kg · 5 = 15 kg hin und 15 kg zurück; zusammen sind das 30 kg.
(30 kg: Du solltest nicht versuchen, einen solch schweren Gegenstand zu tragen oder zu heben, solange du noch nicht ausgewachsen bist.)

2.

Eimer Wasser:	10 kg
Pkw:	1,2 t
Brief:	20 g
Schokolade:	100 g
Schultasche:	2,7 kg
Palette mit Ziegelsteinen:	5,5 t
Hund:	8,9 kg
Butter:	250 g

3. Nicht stimmen kann:
Ein Paket Papiertaschentücher wiegt ungefähr 2 kg.
Mein DIN-A4-Schulheft ist leichter als 5 g.
Eine Tüte mit 25 Bonbons wiegt meistens über 3 000 g.
Ein Apfel wiegt im Durchschnitt 40 kg.

4. 12 · 35 kg = 420 kg
Nein, die Kinder können nicht alle gleichzeitig über die Brücke gehen.

Seiten 62 – 63

1.

2 l	3 l	3,500 l	2,250 l
2 000 ml	3 000 ml	3 500 ml	2 250 ml
3,750 l	4,5 l	2,5 l	1,5 l
3 750 ml	4 500 ml	2 500 ml	1 500 ml

2.

Bruchzahl	Milliliter	Kommazahl mit 3 Stellen	Kommazahl mit verkürzter Schreibweise
$\frac{1}{2}$ l	500 ml	0,500 l	0,5 l
$\frac{1}{4}$ l	250 ml	0,250 l	0,25 l
$\frac{1}{8}$ l	125 ml	0,125 l	0,125 l
$\frac{3}{4}$ l	750 ml	0,750 l	0,75 l

3.
0,8 l ⟶ 800 ml
250 ml ⟶ $\frac{1}{4}$ l
100 ml ⟶ 0,1 l
2,3 l ⟶ 2 300 ml

4. a) 600 ml + 2 400 ml + 300 ml =
Richtig wäre 3 300 ml.
b) 100 ml + 4 500 ml + 4 050 ml =
8 650 ml = 8,650 l (stimmt)
c) 11,05 l + 9,005 l + 0,02 l =
20,075 l = 20 l 75 ml (stimmt)

zu den Seiten 62 – 63:

d) 40 ml + 400 ml + 4 l =
Richtig wäre 4 440 ml.

e) 1,2 l + 2,1 l + 300 ml =
3 600 ml (stimmt)

5. a) 750 ml – 175 ml = 575 ml
b) 1 000 ml – 210 ml = 790 ml

Seiten 64 – 65

1.
```
   1,000 l
  10,000 l
   0,700 l
   1,500 l
 + 0,100 l
 ---------
  13,300 l
```

2. a)
```
   0,250 l
   0,500 l
   1,000 l
   1,500 l
 + 2,000 l
 ---------
   5,250 l
```
5,250 l stehen noch im Regal.

b)
```
   0,250 l
   0,250 l
 + 0,250 l
 ---------
   0,750 l
```
0,750 l oder 3 · 0,250 l = 0,750 l
fehlen von der Flaschengröße 0,25 l.
```
   0,500 l
   0,500 l
 + 0,500 l
 ---------
   1,500 l
```
1,500 l oder 3 · 0,500 l = 1,500 l
fehlen von der Flaschengröße 0,5 l.

1 l + 1 l + 1 l + 1 l = 4 l oder
4 · 1 l = 4 l fehlen von der Flaschengröße 1 l.
```
   1,500 l
   1,500 l
 + 1,500 l
 ---------
   4,500 l
```
4,500 l oder 3 · 1,500 l = 4,500 l
fehlen von der Flaschengröße 1,5 l.

1 · 2 l = 2 l

3. a)

	5 Flaschen	7,500 l	
· 2	10 Flaschen	15,000 l	· 2
: 10	1 Flasche	1,500 l	: 10
· 3	3 Flaschen	4,500 l	· 3
· 4	4 Flaschen	6,000 l	· 4
· 2	8 Flaschen	12,000 l	· 2
· 3	12 Flaschen	18,000 l	· 3

b)
```
   7,5 l    1. + 2. Tag
  15,0 l    3. Tag
   1,5 l    4. Tag
   4,5 l    5. Tag
   6,0 l    6. Tag
  12,0 l    7. Tag
+ 18,0 l    8. Tag
 -------
  64,5 l
```

Seiten 66 – 67

1.

Wochen	Tage	h	min
1	7	168	10 080
2	14	336	20 160
4	28	672	40 320
8	56	1 344	80 640
16	112	2 688	161 280
32	224	5 376	322 560
52	364	8 736	524 160

Du weißt vielleicht, dass man für ein Jahr in der Regel 365 Tage angibt. Der Unterschied in diesen Berechnungen kommt dadurch zustande, dass die Erde sich nicht so regelmäßig „bewegt“ wie die Mathematik.

2. a) ist falsch; b) und c) sind richtig

3.

Station 1	12.15	12.30	12.45
Station 2	12.25	12.40	12.55
Station 3	12.32	12.47	13.02
Station 4	12.45	13.00	13.15
Station 5	12.49	13.04	13.19
Station 6	12.55	13.10	13.25
Station 7	13.00	13.15	13.30
Station 8	13.06	13.21	13.36

4. a) Station 4 zu Station 6: 10 min
b) Station 3 zu Station 7: 28 min
c) Station 1 zu Station 5: 34 min
d) Station 5 zu Station 8: 17 min
e) Station 2 zu Station 4: 20 min
f) Station 1 zu Station 8: 51 min

Als Beispiel für die Arbeit mit dem Zahlenstrich siehst du hier die Aufgabe 3 d).

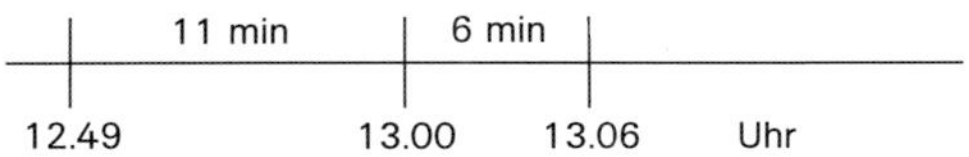

Seiten 68 – 69

1.

60 km in 60 min wären	60 km/h
15 km in 10 min wären	90 km/h
9 km in 5 min wären	108 km/h
45 km in 20 min wären	135 km/h
160 km in 120 min wären	80 km/h

2.

km/h	Fahrzeit	gefahrene Strecke (km)
70 km/h	$\frac{1}{2}$ h	35 km
48 km/h	20 min	16 km
60 km/h	15 min	15 km
100 km/h	1h 30 min	50 km
120 km/h	2h 30 min	60 km
160 km/h	4h 60 min	160 km

3.

Jens	12 000 m	30 min	24 km/h
Martin	2 000 m	5 min	24 km/h
Isa	3 000 m	10 min	18 km/h
Björn	5 500 m	15 min	22 km/h
Marisa	7 000 m	20 min	21 km/h
Fatima	36 000 m	120 min	18 km/h

4.

Flugzeug	14 km/min	840 km/h
Gepard	2 000 m/min	120 km/h
Rennwagen	6 km/min	360 km/h
Spaziergänger	83 m/min	4,980 km/h

Seiten 70 – 71

1. 0,25 € + 3,15 € + 0,05 € + 7,00 € + 5,50 € + 0,49 € + 0,49 € + 1,25 € + 2,50 € + 1,05 € = 21,73 € **1 P.**

Der Kassenzettel zeigt als Endbetrag 21,73 €. **1 P.**

2. 0,327 km + 0,400 km + 1,012 km + 0,809 km + 0,088 km + 0,070 km = 2,706 km
Anne hat recht. **2 P.**

3. 28 · 12 leere Flaschen = 336 leere Flaschen
336 · 35 g = 11 760 g = 11 kg 760 g = 11,760 kg **1 P.**

43 · 12 volle Flaschen = 516 volle Flaschen
516 · 1 035 g = 534 060 g = 534 kg 60 g = 534,060 kg **1 P.**

28 Kästen + 43 Kästen = 71 Kästen
71 · 1 300 g = 92 300 g = 92 kg 300 g = 92,300 kg **1 P.**

11,760 kg + 534,060 kg + 92,300 kg = 638,120 kg **1 P.**

Die Ladung wiegt 638,120 kg. **1 P.**

zu den Seiten 70 – 71:

4. 27,310 kg + 0,678 kg = 27,988 kg **1 P.**
9,015 kg + 0,819 kg + 8,165 kg = 17,999 kg **1 P.**
Für 3 Stellen hinter dem Komma gibt es insgesamt **1 P.**

5. 150 l · 2 = 300 l **1 P.**
300 l · 40 = 12 000 l **1 P.**
12 000 l · 5 = 60 000 l **1 P.**

6. Von 8.24 Uhr bis 8.53 Uhr = 29 min **1 P.**
8 min Fußweg + 29 min Fahrzeit + 11 Minuten Fußweg = 48 min **1 P.**

7. In zwei Stunden fliegst du 2 · 846 km = 1 692 km weit. **1 P.**
In einer halben Stunde fliegst du 846 km : 2 = 423 km weit. **1 P.**
In 2 Stunden und 30 Minuten fliegst du dann 1 692 km + 423 km = 2 115 km weit. **1 P.**

8. 2 · 80 km = 160 km **1 P.**
80 km : 4 = 20 km **1 P.**
160 km + 20 km = 180 km **1 P.**
400 km – 180 km = 220 km **1 P.**
A: Herr Müller hat noch 220 km vor sich. **1 P.**

Punkte und Noten:
Lies an dieser Tabelle ab, welche Note du für deine Punktzahl bekommst, und trage sie unter den Test ein.

Punkte	Note
25 – 24	1
23	1,5
22 – 21	2
20 – 19	2,5
18 – 16	3
15 – 14	3,5
13 – 12	4
11 – 10	4,5
9 – 5	5
4 – 2	5,5
1 – 0	6

Liegen deine Noten zwischen 2,5 und 3,4, dann sollte deinem Weg in die Realschule nichts mehr entgegenstehen.

Seiten 72 – 73

1. Rechenbaum:

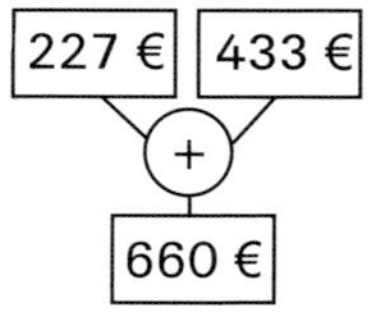

Rechnung: 227 € + 433 € = 660 €
Antwort: Olaf hatte ursprünglich 660 € auf seinem Konto.

2. Bei dieser Rechnung musst du das Minus-Zeichen benutzen.
Rechenbaum:

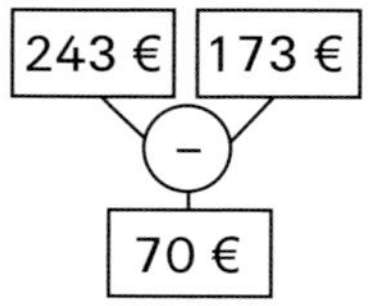

Rechnung:
243 € – 173 € = 70 €

Antwort: Miras Patenonkel hat ihr 70 € geschenkt.

3.

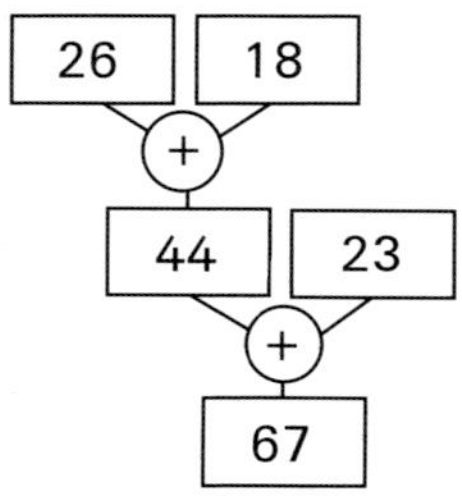

Antwort: Katrin hat nun insgesamt 67 Muscheln.

4. Rechenbaum:

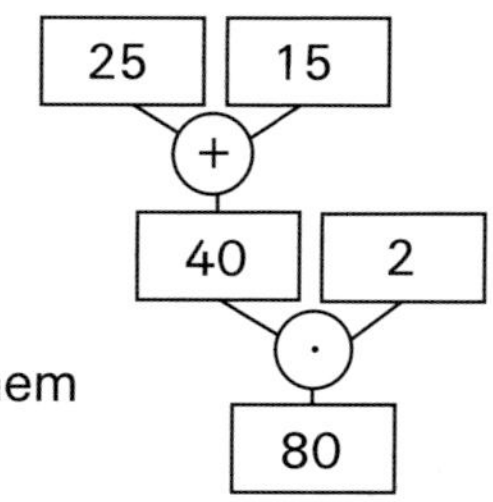

Rechnungen:
25 + 15 = 40
40 · 2 = 80

Antwort: Von seinem Vater bekommt Patrick 80 Bilder.

Begründung: Die Bilder, die Patrick von Jonas und Lara geschenkt bekommt, werden addiert, deshalb wird das Plus-Zeichen verwendet. Diese Summe wird verdoppelt, also mit 2 wird multipliziert; jetzt wird das Mal-Zeichen verwendet.

Seiten 74 – 75

1. a) Rechnung: 18 + 20 + 12 + 6 = 56

Antwort: Am Tag der Umfrage wurden insgesamt 56 Trinkpäckchen verbraucht.

b) 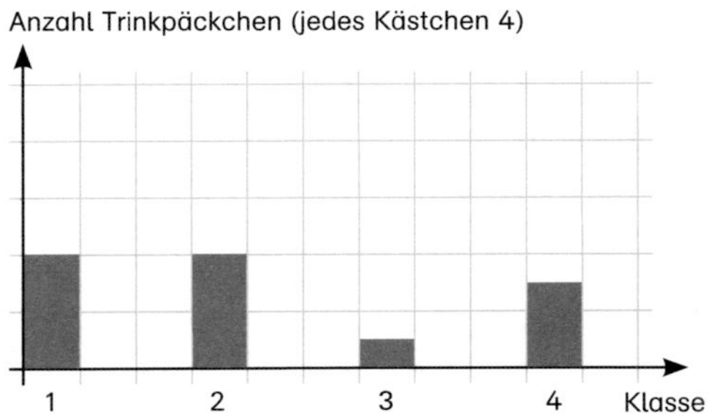

2.
Anzahl der gezählten Autos an den Wochentagen

Mo	Di	Mi	Do	Fr	Sa	So
160	180	140	150	150	128	156

3. 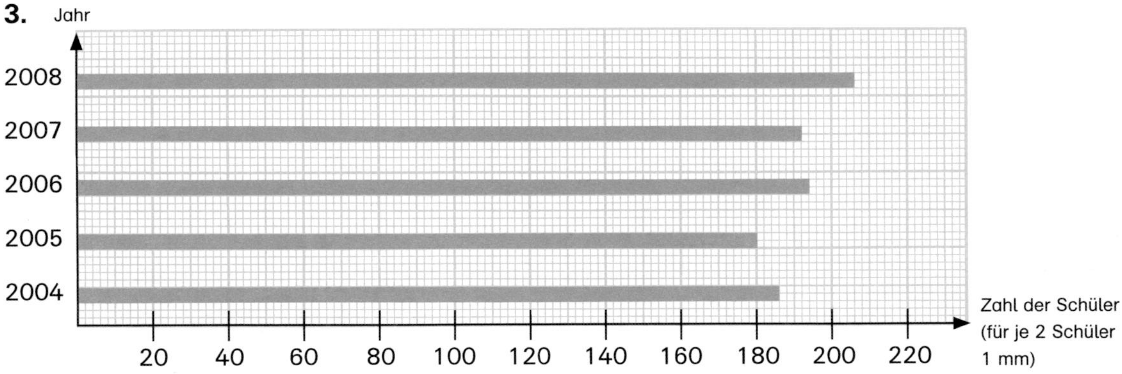

Seiten 76 – 77

1. Text a ist der passende Aufgabentext.

2. Text c ist der passende Aufgabentext.

3. Text b ist der passende Aufgabentext.

4. Der Aufgabentext b) passt zur Rechnung; Sie erhält 10,66 € zurück.

Seiten 78 – 79

Der Wortlaut der Fragen zu dieser Doppelseite muss nicht genau mit den Lösungen übereinstimmen. Sinngemäß muss er aber stimmen. Achte darauf, dass du in den Fragen jeweils die passende Größenbezeichnung aufgenommen hast.

1. Frage: In wie viel Minuten fährt der nächste Bus?

zu den Seiten 78 – 79:

Rechnung: 20 min – 6 min = 14 min
Antwort: Der nächste Bus fährt in 14 Minuten.

2. Frage: Wie viel Euro bezahlt Max' Vater für die Kinokarten?
Rechnung: 2 · 4,50 € = 9 €
Antwort: Max' Vater bezahlt 9 € für die Kinokarten.

3. Frage: Wie viel Euro kostet die Führung für die Klasse?
Rechnung:
23 · 1,00 € = 23,00 €
Antwort: Die Führung für die Klasse kostet 23,00 €.

4. Die Frage b) passt; 2 € = 200 ct; 200 ct: 60 ct = 3 R 20
Antwort: Max kann sich 3 Tütchen kaufen. 20 ct bleiben übrig.

Seiten 80 – 81

1. a) Rechnung: 16 · 6 Flaschen
96 Flaschen
Antwort: Es sind insgesamt 96 Flaschen.

b) Rechnung:
3,90 € = 390 ct; 390 ct : 6 = 65 ct
36
30
30
0
Antwort: Eine Flasche kostet 65 ct oder 0,65 €.

c) 96 Flaschen · 8 ct = 768 ct; 768 ct = 7,68 €
Antwort: Er erhält 7,68 € Pfand.

2. Rechnung: 153 : 9 = 17
9
63
63
0
Antwort: Es wären 17 Kopfbälle pro Kind.

3. Frage: Wie viel Geld muss insgesamt aufgebracht werden?
Rechnung: 378 € · 12
378
756
4536 €
Antwort: Insgesamt müssen 4536 € aufgebracht werden.

Seiten 82 – 83

1. Rechnung: 256 : 3 = 85 R 1
24
16
15
1
Antwort: Jedes Mädchen bekommt 85 Bilder. Ein Bild bleibt übrig. Stefanie könnte das Bild als Erinnerung behalten.

2. Rechnung: 1038 : 4 = 259 R 2
8
23
20
38
36
2
Antwort: Nein, in jeder Vorstellung können 259 Zuschauer sein. 2 Zuschauer müssen sich dann auf eine oder zwei dieser Vorstellungen zusätzlich verteilen.

3. Überschlag: 4 000 € : 8 = 500 €
Rechnung: 4280 € : 8 = 535 €
40
28
24
40
40
0
Probe: 535 € · 8
4280 €

Antwort: Vater muss pro Monat 535 € bezahlen.

4. Überschlag: 2700 : 9 = 300
Rechnung: 2760 : 9 = 306 R 6

```
27
 06
  0
 60
 54
  6
```

Antwort: Die ersten 8 Läden bekommen 306 Zeitungen. Der letzte außerdem noch die sechs übrig gebliebenen, also 312 Zeitungen.

Seiten 84 – 85

1. Rechnung:

```
  3,89 €   oder:  3,89 €      1,20 € · 6
  1,05 €          1,05 €          7,20 €
  0,49 €          0,49 €
  1,20 €        + 7,20 €
  1,20 €           1 2
  1,20 €         12,63 €
  1,20 €
  1,20 €
+ 1,20 €
   2 2
 12,63 €
```

Antwort: Die „Kasse“ hat (natürlich) richtig addiert.

2. a) Rechnung:

```
  0,23 €
  0,23 €
  1,19 €
+ 1,00 €
    1
  2,65 €
```

Antwort: Nina muss 2,65 € bezahlen.

b) Rechnung:

```
 10,00 €   oder     9 9
- 2,65 €           10,00 €
  1 1 1          -  2,65 €
  7,35 €            7,35 €
```

Antwort: Nina erhält 7,35 € Rückgeld.

3. Überschlag:
50 ct · 7 = 350 ct = 3,50 €
Rechnung: 54 ct · 7 = 378 ct = 3,78 €
Antwort: Martin muss 3,78 € für die Stifte bezahlen.

Seiten 86 – 87

1. a) umwandeln in m: 2 km = 2 000 m; 4 km und 350 m = 4 350 m
Rechnung: 3 500 m + 2 000 m + 4 350 m = 9 850 m

```
9850 m · 2
   19700 m
```

umwandeln: 19 700 m = 19 km und 700 m
Antwort: Rebecca fährt insgesamt 19 km und 700 m.

b) Rechnung:
2 000 m + 4 350 m = 6 350 m

```
6350 m · 2
   12700 m
```

umwandeln: 12 700 m = 12 km und 700 m
Antwort: Manuel fährt insgesamt 12 km und 700 m.

2. a) umwandeln: 1 m = 100 cm; 68 m = 6 800 cm; 32 m = 3 200 cm
Antwort: Der Schulhof ist 6 800 cm lang und 3 200 cm breit.

b) Überlegung: Für 68 cm braucht man 2 Platten und für 6 800 cm 200 Platten.

Antwort: Es sind 200 Platten nötig.

Seiten 88 – 89

1. a)

```
   125 g
   125 g
   125 g
   125 g
   100 g
   100 g
   100 g
   250 g
    60 g
+  400 g
   1 2 2
  1510 g
```

Antwort: Verena hat 1 510 g getragen.

zu den Seiten 88 – 89:
b) 1 510 g = 1 kg 510 g = 1,510 kg
Antwort: Das sind 1,510 kg.

2. Rechnung: 115 g · 15
115
575
1725 g = 1,725 kg

Antwort: Alle Pfirsiche zusammen wiegen 1 kg und 725 g (1,725 kg).

3.

Anzahl (Pal)	8	4	2	1
Gewicht (t u. kg)	12 t 0 kg	6 t 0 kg	3 t 0 kg	1 t 500 kg

Antwort: Eine Palette wiegt 1 t und 500 kg.

4.

Anzahl d. Lkw	4	2	1
Gewicht d. Ladung (kg)	28 000	14 000	7 000

Antwort: Jeder Lkw transportiert 7 000 kg.

Seiten 90 – 91

1. umwandeln: $\frac{1}{4}$ l = 250 ml
Rechnung: 250 ml – 237 ml = 13 ml
Antwort: 13 ml Wasser sind verdunstet.

2. umwandeln: $\frac{1}{8}$ l Milch = 125 ml Milch
Rechnung: 125 ml · 5 = 625 ml
Antwort: Mutter verbraucht im Jahr 625 ml Milch für ihren Lieblingskuchen.

3. umwandeln: 3 l = 3 000 ml (an Getränken)

Getränke (ml)	250	1 000	3 000
Anz. d. Gläser	1	4	12

Antwort: Mit den Getränken können 12 Gläser gefüllt werden.

4. Rechnung: $\frac{1}{2}$ l = 500 ml
500 ml · 5 = 2 500 ml
2 500 ml = 2 l und 500 ml

Antwort: Iris trinkt an 5 Schultagen 2 l und 500 ml Mineralwasser.

Seiten 92 – 93

1. Überlegung: Clara: 16 Minuten vor 15.00 Uhr = 14.44 Uhr
Marc: 22 Minuten vor 15.00 Uhr = 14.38 Uhr
Antwort: Clara muss um 14.44 Uhr, Marc um 14.38 Uhr losgehen.

2. a) 9.15 Uhr + **45 min** = 10.00 Uhr
10.00 Uhr + **60 min** = 11.00 Uhr
11.00 Uhr + **5 min** = 11.05 Uhr

45 min + 60 min + 5 min = 110 min
110 min – 20 min (Pause) = 90 min

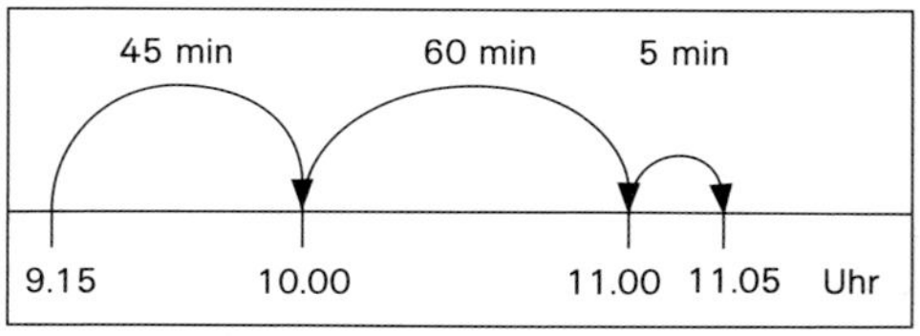

Antwort: Die reine Fahrzeit beträgt 90 Minuten.

b) Deine Überlegung: umwandeln: 90 min = 1 h und 30 min
30 min = eine halbe Stunde
In einer Stunde schafft er 60 km.
In einer halben Stunde schafft er dann 30 km.
60 km + 30 km = 90 km

Antwort: Die Talsperre ist 90 Kilometer von zu Hause entfernt.

3. a) Rechnung: 14.37 Uhr – 6 min = 14.31 Uhr
Antwort: Wenn Kalle um 14.31 Uhr losgeht, erreicht er die Bahn um 14.37 Uhr.
Er ist dann rechtzeitig um 14.54 Uhr bei Martin.

b) Rechnung: 18.32 Uhr + 17 min = 18.49 Uhr
Antwort: Er kommt um 18.49 Uhr in der Hauptstraße an.

Seiten 94 – 95

1. Signalwörter im Aufgabentext: dreimal; zweimal; insgesamt

Rechnungen:
$3 \cdot 40$ Kästen = 120 Kästen
$2 \cdot 30$ Kästen = 60 Kästen
120 Kästen + 60 Kästen = 180 Kästen

Antwort: In einem Monat bekommt er 180 Kästen.

2. Signalwörter im Aufgabentext: pro; insgesamt

Rechnung: $52 : 4 = 13$
$68 : 4 = 17$
$13 + 17 = 30$

Antwort: Es befinden sich insgesamt 30 Fenster im Neubau.

3. Signalwörter im Aufgabentext: vergleichen

Rechnung:
1,31 m = 131 cm
131 cm – 4 cm = 127 cm = 1,27 m
131 cm + 2 cm = 133 cm = 1,33 m

Antwort: Sandra ist 1,27 m, Claudia 1,31m und Maria 1,33 m groß.

4. Was ich schon weiß:
Katrins Alter + Marcs Alter = 21 Jahre
Katrins Alter – 3 Jahre = Marcs Alter

Rechnung: Katrin ist also (Gesamtjahre)
21 Jahre – 3 Jahre = 18 Jahre;
18 Jahre : 2 = 12 Jahre
Antwort: Katrin ist 12 Jahre alt.
Marc ist 3 Jahre jünger:
12 Jahre – 3 Jahre = 9 Jahre
Zur Probe: 12 Jahre + 9 Jahre = 21 Jahre
Antwort: Marc ist 9 Jahre alt.

Seiten 96 – 97

1.

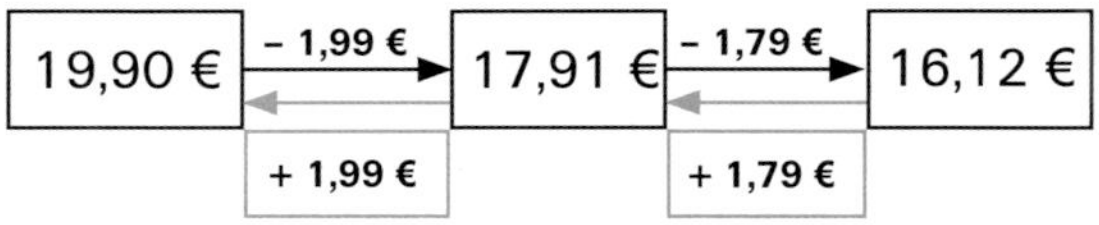

Rechnung: 16,12 € + 1,79 € = 17,91 €
17,91 € + 1,99 € = 19,90 €

Antwort: Ursprünglich hat die CD 19,90 € gekostet.

2.

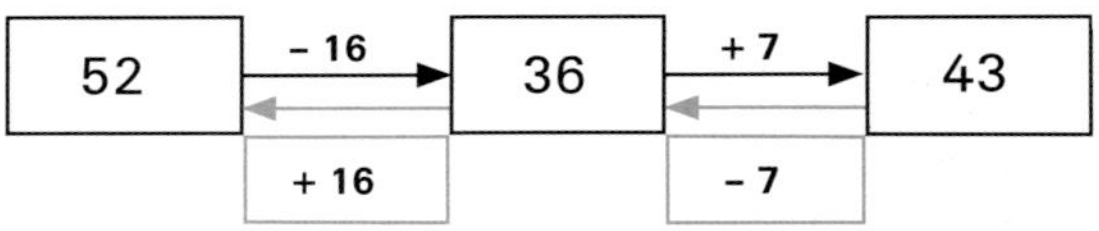

Rechnung: 43 – 7 = 36; 36 + 16 = 52

Antwort: Der Turm bestand ursprünglich aus 52 Steckwürfeln.

3.

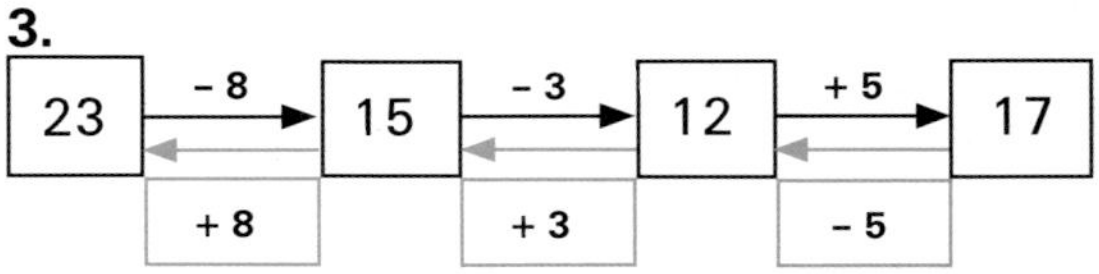

Rechnung:
17 – 5 = 12; 12 + 3 = 15; 15 + 8 = 23

Antwort: Ursprünglich hatte die Schwester 23 Gummibärchen vor sich liegen.

4.

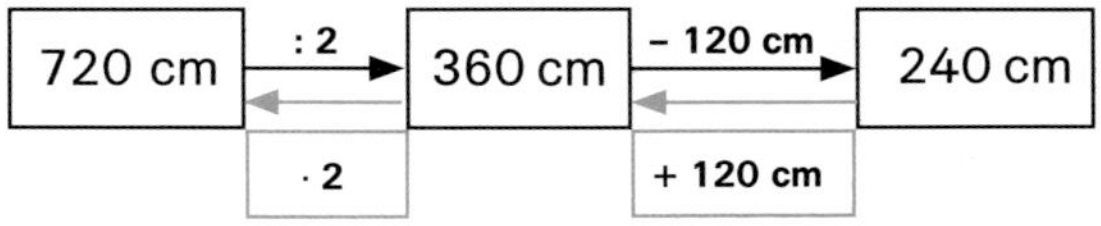

Rechnung: 240 cm + 120 cm = 360 cm;
$360 \text{ cm} \cdot 2 = 720$ cm

zu den Seiten 96 – 97:

Antwort: Ursprünglich war das Seil 720 cm lang.

5.

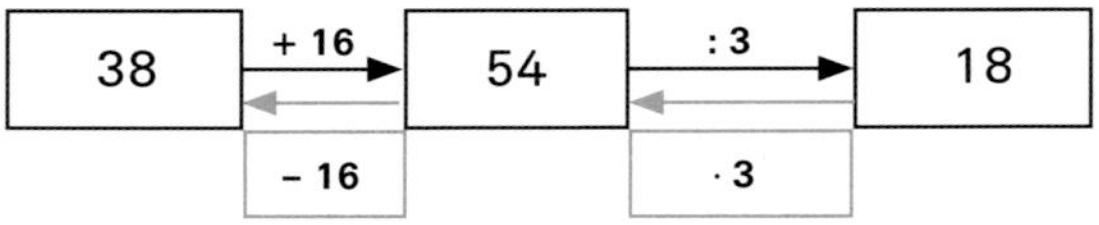

Seiten 98 – 99

1. Es gibt verschiedene Möglichkeiten, Tabellen anzulegen, um zur richtigen Lösung zu kommen.

Joghurt (g)	Preis (€)
800	2,40
200	0,60
1 000	3,00

800 g : 4; 800 g + 200 g | 2,40 € : 4; 2,40 € + 0,60 €

Antwort: 200 g Joghurt kosten 0,60 €; 1 000 g kosten 3 €.

2. a) Deine Überlegung: An einem Tag frisst der Papagei 70 g Körner, in 10 Tagen frisst er 10 · 70 g = 700 g.

Futter (g)	Preis (€)
1 000	3,00
100	0,30
700	2,10

: 10; · 7 | : 10; · 7

Antwort: Für 10 Tage kostet das Futter 2,10 €.

b)

Tage	Preis (€)
10	2,10
100	21,00
300	63,00
60	12,60
5	1,05
365	76,65

· 10; · 3; · 6; : 2; 300 + 60 + 5 | · 10; · 3; · 6; : 2; 63,00 + 12,60 + 1,05

Antwort: Für 1 Jahr (365 Tage) kostet das Futter 76,65 €.

3.

Schokolade (g)	Normalpreis (€)
100	0,88
800	7,04

· 8 | · 8

Überlegung: 800 g Schokolade kosten normalerweise 7,04 €. Im Sonderangebot sind es:
2,99 € · 2 = 5,98 €
7,04 € – 5,98 € = 1,06 €

Antwort: Herr Reber spart 1,06 € beim Sonderangebot.

Seiten 100 – 101

1. Frage: Wie viele Erwachsene sind im Theater? **1 P.**
Rechnung:
135 Plätze – 86 Plätze = 49 Plätze **1 P.**
49 Plätze – 18 Plätze = 31 Plätze **1 P.**
oder:
86 Plätze + 18 Plätze = 104 Plätze, die nicht von Erwachsenen besetzt sind
135 Plätze – 104 Plätze = 31 Plätze

Antwort: Es sind 31 Erwachsene im Theater. **1 P.**

2. Frage: Wie viel Geld hat Markus? **1 P.**
Rechnung: **1 P.**

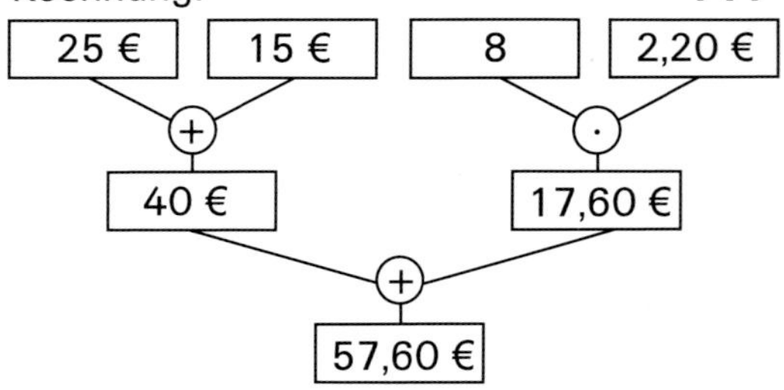

Antwort: Markus hat insgesamt 57,60 €. **1 P.**

3. Rechnung:
7 · 39 Wochen = 273 Wochen **1 P.**
273 · 2 = 546 **1 P.**

Antwort: Tanjas Mutter hat den Kurs in 7 Jahren 546-mal besucht. **1 P.**

4. Rechnung: 13 440 Gläser : 8 =
1 680 Gläser pro Stunde **1 P.**

Antwort: In einer Stunde werden
1 680 Gläser gefüllt. **1 P.**

5. Rechnung:

52 ct		
1080 ct	**die Fehler**	
269 ct	**gefunden**	**1 P.**
50 ct		
132 ct	richtig unter-	
14 ct	einander-	
79 ct	geschrieben	**1 P.**
(Übertrag: 3 2)		
1676 ct = 16,76 €		
	richtiges Ergebnis	**1 P.**

Antwort: Mutter hat 1 676 ct =
16,76 € ausgegeben. **1 P.**

6. Rechnung:
44 Personen · 95 kg = 4 180 kg **1 P.**
4 180 kg = 4 t 180 kg = 4,180 t **1 P.**
Antwort: Der Bus darf 4,180 t
befördern. **1 P.**

7. Rechnung:

Strecke	Zeit	
2 cm	10 s	**1 P.**
100 cm	500 s	**1 P.**

(· 50 auf beiden Seiten)

Sekunden	Minuten	
60	1	**1 P.**
480	8	**1 P.**

(· 8 auf beiden Seiten)

Antwort: Die Schnecke braucht für
1 m 8 Minuten und 20 Sekunden. **1 P.**

8. Rechnung:

1 012 g → + 24 g → 1 036 g → − 16 g →
← − 24 g ← ← + 16 g ←

1 020 g → + 12 g → 1 032 g → − 9 g → 1 023 g
← − 12 g ← ← + 9 g ←

Umkehroperation anwenden **4 P.**
(für jeden richtigen Schritt **1 P.**)

Antwort: Miras Meerschweinchen
wog vor einer Woche 1 012 g. **1 P.**

9. Rechnung: Tabellen

Päckchen	Preis	
8	3,36 €	**1 P.**
40	16,80 €	**1 P.**

(· 5 auf beiden Seiten)

Päckchen	Preis	
5	2,15 €	**1 P.**
40	17,20 €	**1 P.**

(· 8 auf beiden Seiten)

Wenn du auf andere Weise zum gleichen Ergebnis gekommen bist, erhältst du die gleiche Punktzahl.

Antwort: Die Päckchen der Marke
Sonnenreif sind günstiger. **1 P.**

Punkte und Noten:
Lies an dieser Tabelle ab, welche Note du für deine Punktzahl bekommst, und trage sie unter den Test ein.

Punkte	Note
34–33	1
32–31	1,5
30–29	2
28–26	2,5
25–22	3
21–20	3,5
19–17	4
16–13	4,5
12–6	5
6–3	5,5
2–0	6

Liegen deine Noten zwischen 2,5 und 3,4, dann sollte deinem Weg in die Realschule nichts mehr entgegenstehen.

Seiten 102 – 103

1.

	Würfel	Quader	Zylinder	Kugel	Pyramide (Dreieckspyramide)	Kegel
Ecken	8	8	0	0	4	1
Kanten	12	12	2	0	6	1
Flächen	6	6	3	1	4	2

Dabei setzen sich die Flächen wie folgt zusammen:

Würfel: 6 Quadrate
Quader: 6 Rechtecke, davon je 2 gleiche
Zylinder: 2 Kreise, 1 Reckteck
Kugel: ist nicht zu zeichnen, da die Fläche gebogen ist
Pyramide: 4 Dreiecke
Kegel: 1 Kreis, 1 Dreieck mit einer gekrümmten Seite

2. Beispiele:
Würfel: Spielwürfel
Quader: Schwamm, Streichholzschachtel, Taschenbuch, Schuhkarton
Zylinder: Stift, Chips-Packung
Kugel: Ball, Globus
Pyramide: Pharaonengrab
Kegel: Zuckerhut

Für die „Pyramide" und den „Kegel" wirst du sicherlich kaum Beispiele gefunden haben. Das macht nichts. Es zeigt dir, wie selten die Form in unserer Umwelt vorkommt.

3. A, B und D sind Würfelnetze.

4. Für diese Aufgabe gibt es verschiedene Möglichkeiten. Hier ist immer eine Lösung angegeben. Wenn du nicht alle Falze gefunden hast, ist das nicht schlimm. Hauptsache, dein Würfel hält.

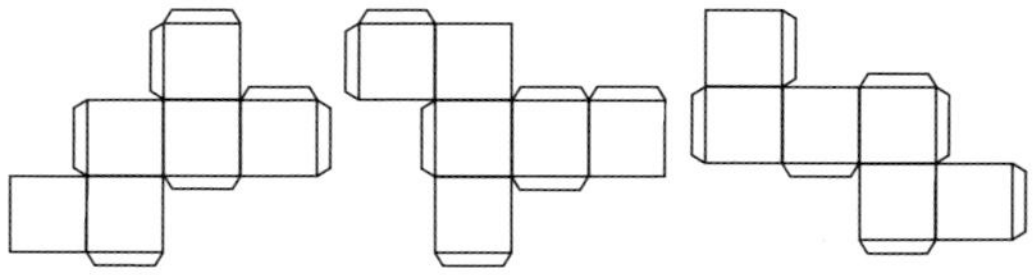

Seiten 104 – 105

1. A – 4 B – 3 C – 2 D – 1

2.
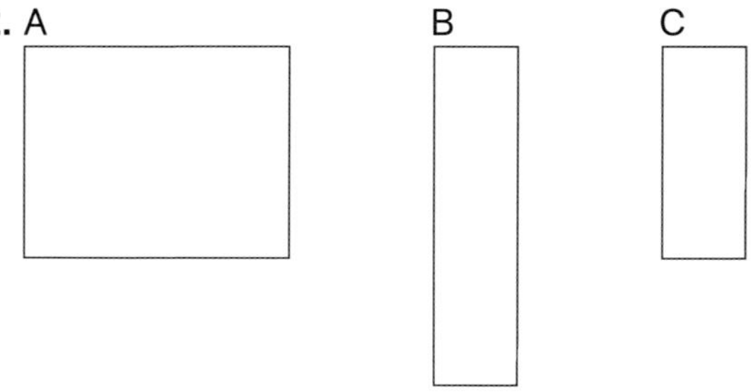

3. A – 3 Zylinder B – 4 Quader
C – 5 Dreieckspyramide D – 2 Kegel
E – 1 Viereckspyramide

4. A und H B und G C und E
D und F

Seiten 106 – 107

1.
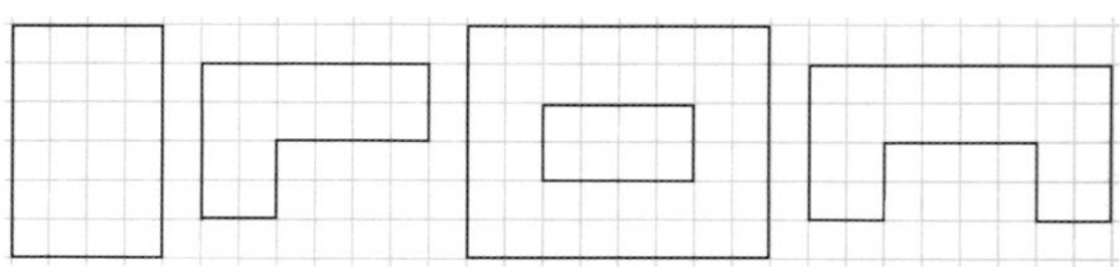

2.
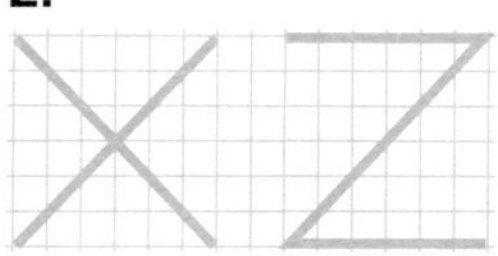

3.

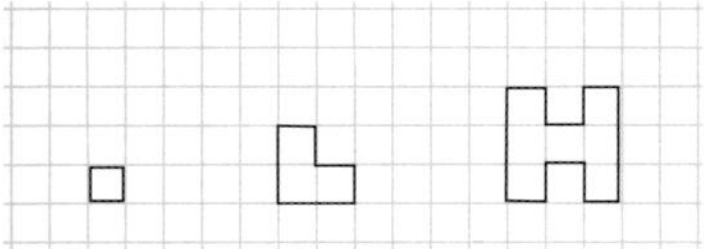

4.

5. Wenn deine Messungen um ein paar Millimeter abweichen, sind sie trotzdem richtig!

Elefant
Strecke von Hinterteil bis Stirn gemessen: 4,5 cm
In Wirklichkeit beträgt die Strecke 450 cm = 4,5 m.
Strecke von Schulter bis Fuß gemessen: 3,0 cm
In Wirklichkeit beträgt die Strecke 300 cm = 3,0 m.
Kuh
Strecke von Hinterteil bis Stirn gemessen: 2,0 cm
In Wirklichkeit beträgt die Strecke 200 cm = 2,0 m.
Strecke von Schulter bis Huf gemessen: 1,5 cm
In Wirklichkeit beträgt die Strecke 150 cm = 1,5 m.

Seiten 108 – 109

1. Folgende Figuren ergeben zusammen ein Quadrat:

A und D   C und G   F und J
B und I   E und H

2. A: 5 Quadrate und 4 Dreiecke
– du brauchst 7 Quadrate
B: 2 Quadrate und 4 Dreiecke
– du brauchst 4 Quadrate
C: 10 Dreiecke
– du brauchst 5 Quadrate

3. a)

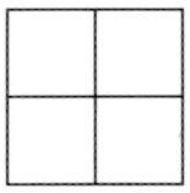

b) Quadrat aus 25 kleinen Quadraten

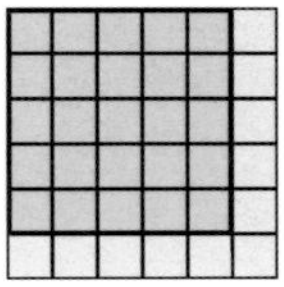

Das nächstgrößere Quadrat besteht aus 36 Quadraten, da $25 + 11 = 36$ bzw. $6 \cdot 6 = 36$

4. B

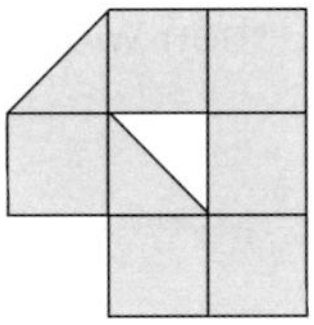

D

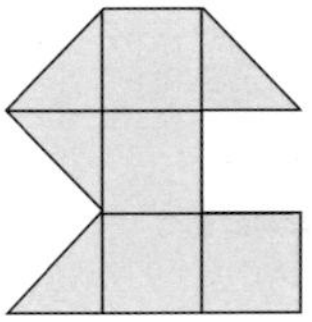

C

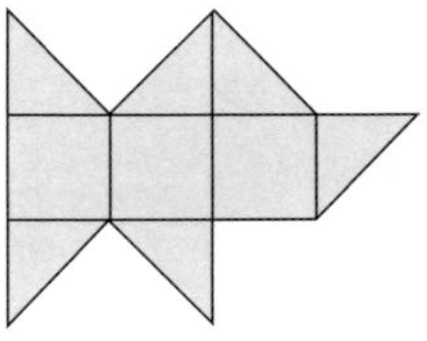

A: 3 Quadrate und 6 Dreiecke ergeben zusammen 6 Quadrate
B: 6 Quadrate und 2 Dreiecke ergeben zusammen 7 Quadrate
C: 3 Quadrate und 6 Dreiecke ergeben zusammen 6 Quadrate
D: 4 Quadrate und 4 Dreiecke ergeben zusammen 6 Quadrate

Seiten 110 – 111

1. a) Figur D hat mit 19 Kästchen die größte Fläche.
b) Figur G hat mit 8 Kästchen die kleinste Fläche.

2. A: 9 Kästchen   D: 12 Kästchen
B: 12 Kästchen   E: 8 Kästchen
C: 17 Kästchen   F: 18 Kästchen

3. a) Figur C hat den größten Umfang mit 32 Kästchenlängen bzw. 16 cm.

b) Figur A hat die größte Fläche mit 30 Kästchen.

zu den Seiten 110 – 111:

4. E ist die größte Fläche; A ist die kleinste Fläche.

Hinweis: Du kannst die Flächen in Kästchen unterteilen, dann ist das Vergleichen leicht.

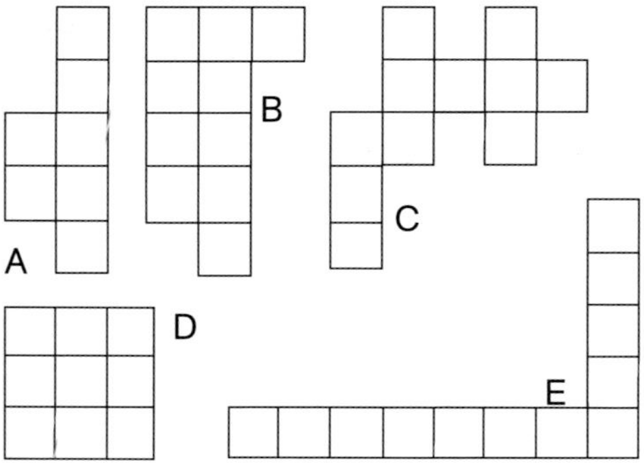

Seiten 112 – 113

1. Garten A ist 80 m^2 groß. Garten B ist 75 m^2 groß. Garten C ist 81 m^2 groß.

A: 20 m^2 + 60 m^2 = 80 m^2
B: 36 m^2 + 24 m^2 + 15 m^2 = 75 m^2
C: 55 m^2 + 24 m^2 + 2 m^2 = 81 m^2

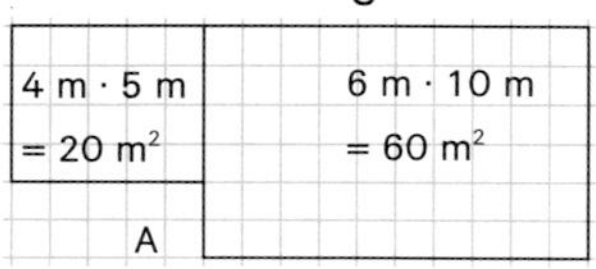

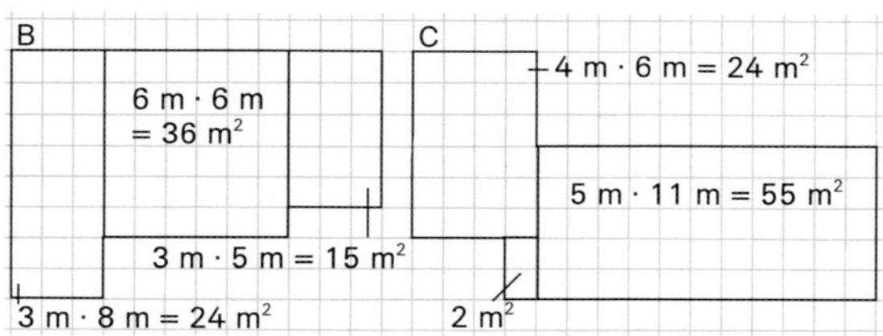

2. a) Rechnung: 5 m · 11 m = 55 m^2
5 m · 14 m = 70 m^2
55 m^2 + 70 m^2 = 125 m^2

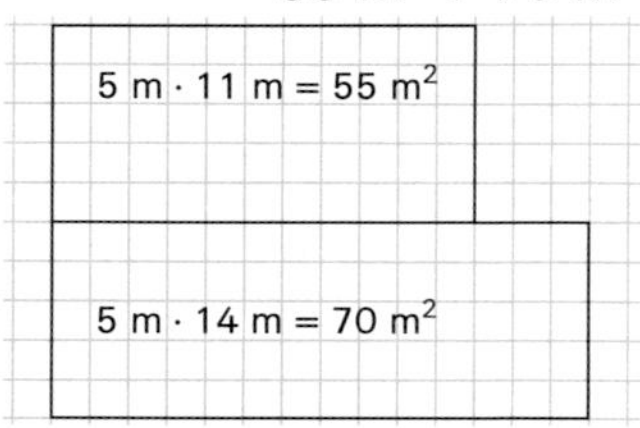

Antwort: Der Garten ist 125 m^2 groß.

b) und c)
So könnte der Garten aussehen.
Es gibt aber viele andere Lösungen.

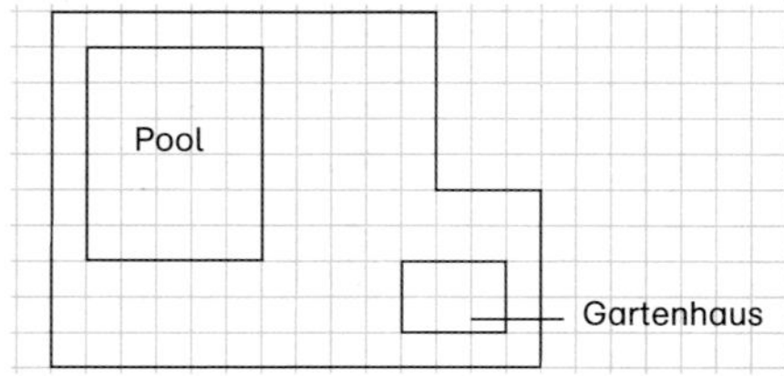

3. a) Rechnung:
4 cm · 3 cm entsprechen
4 m · 3 m = 12 m^2 in Wirklichkeit.

Antwort: Das Bad ist 12 m^2 groß.

b) Rechnung:
3 cm · 3 cm entsprechen 3 m · 3 m = 9 m^2 in Wirklichkeit.

Antwort: Die Küche ist 9 m^2 groß.

c) Rechnung:
4 m · 5 m = 20 m^2 (Hauptteil des Zimmers)
1 m · 2 m = 2 m^2 (Ecke hinter der Tür)
20 m^2 + 2 m^2 = 22 m^2

Antwort: Das große Schlafzimmer ist 22 m^2 groß.

Seiten 114 – 115

1. Weitere Beispiele: Buch-, CD-, Tür-, Fenster-, Heftecke, Ecken der Karos auf einem Schachbrett usw. ...

2. Die Figuren A und D haben einen rechten Winkel.

3. A: 4 rechte Winkel
B: 6 rechte Winkel
C: 8 rechte Winkel
D: 3 rechte Winkel

Hinweis: Einen rechten Winkel kann man kennzeichnen, indem man einen Viertelkreis und einen Punkt in den Winkel zeichnet.

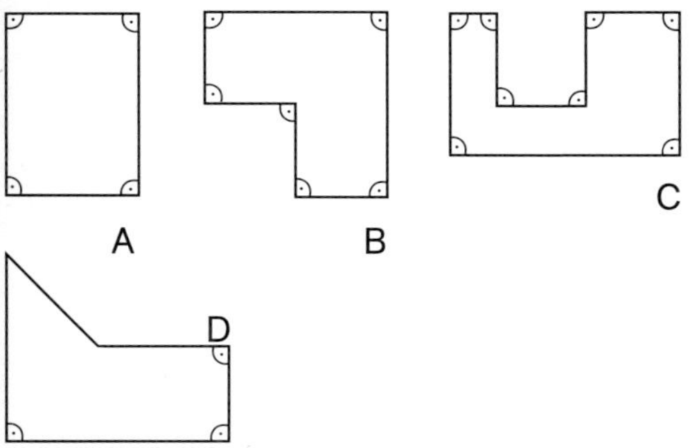

4.

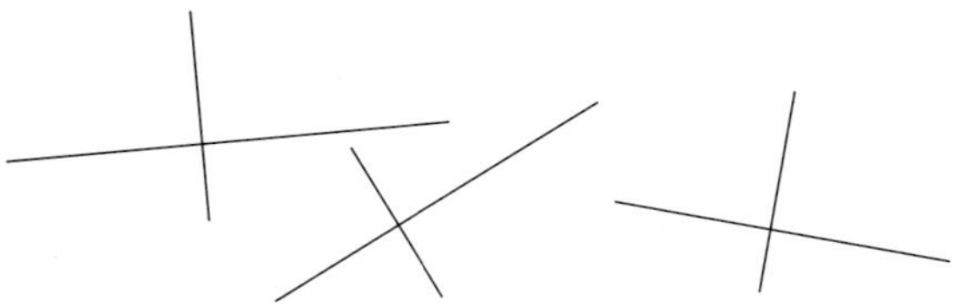

So wäre es auch richtig:

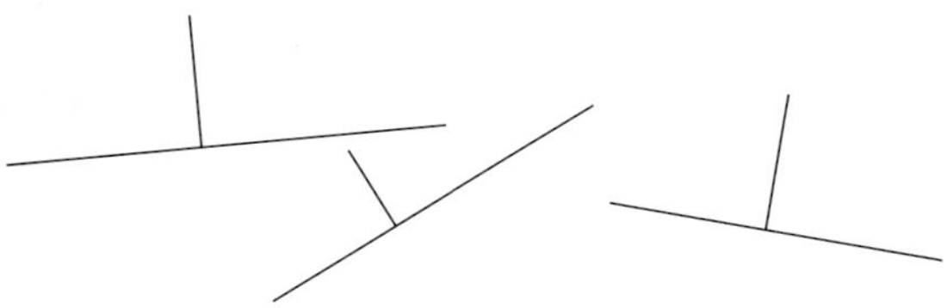

Seiten 116 – 117

1.

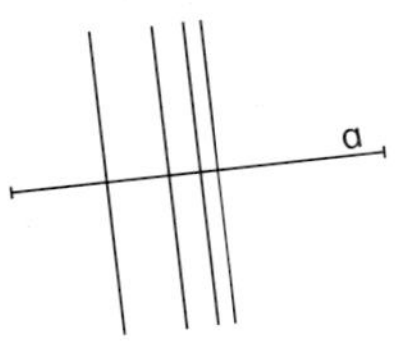

2. a) 2 cm d) 4 cm
b) 3 cm e) 3,3 cm
c) 1,5 cm f) 0,5 cm

3.

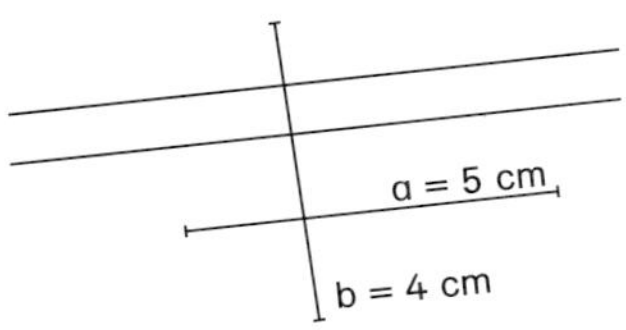

4. blaues Quadrat:
2 cm · 2 cm
graues Rechteck:
3 cm · 2 cm
rotes Rechteck:
3 cm · 6 cm
gelbes Rechteck:
5 cm · 2,5 cm

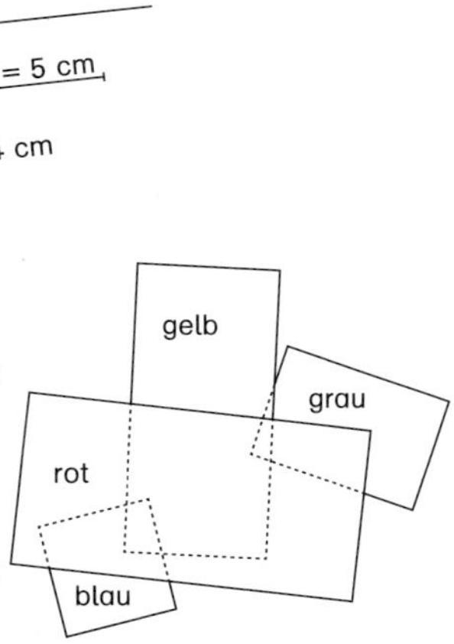

Die Zentimeter-Angaben sind hier dazugeschrieben, damit du deine Lösung besser überprüfen kannst. Du musstest aber nur die Lösung zeichnen!

Seiten 118 – 121

1. Weitere Beispiele: CD, runde Tischlampe, Bullauge, Hülle vom Klebestift usw.

2. In Wirklichkeit sind die Kreise doppelt so groß.

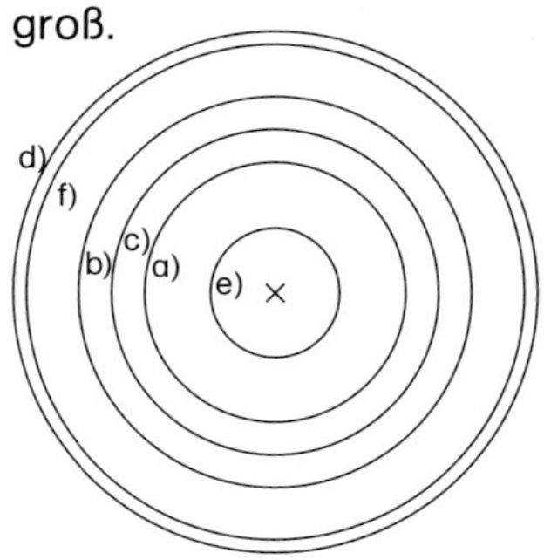

3.

6.

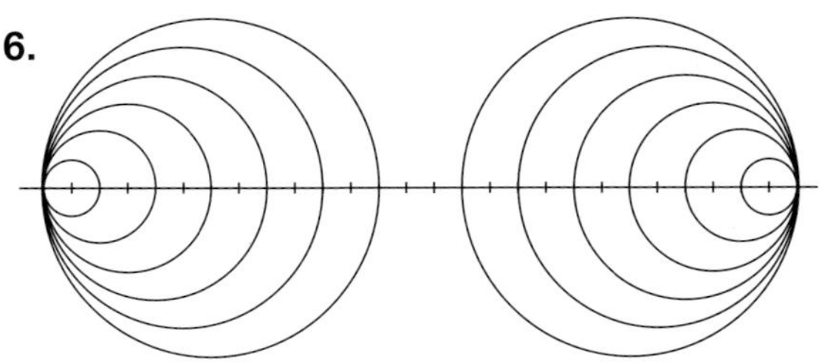

8.

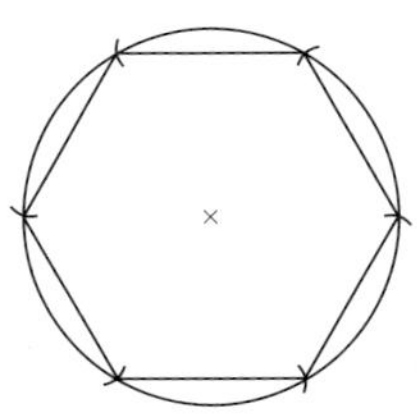

Seiten 122 – 125

1. Weitere Beispiele: Tischlampe, Schmetterling, Trinkglas, Stuhl, usw. ...

2.

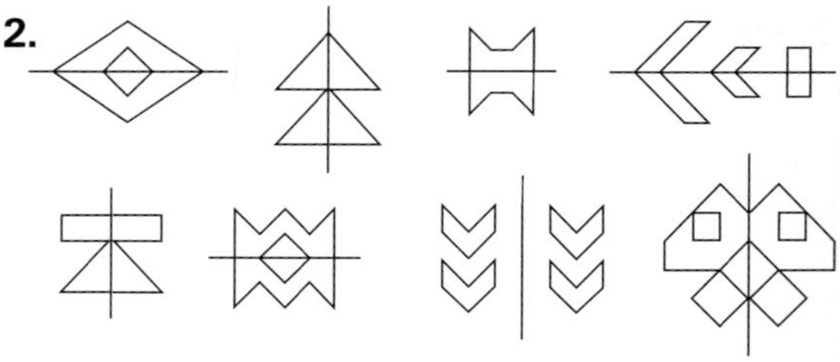

3.

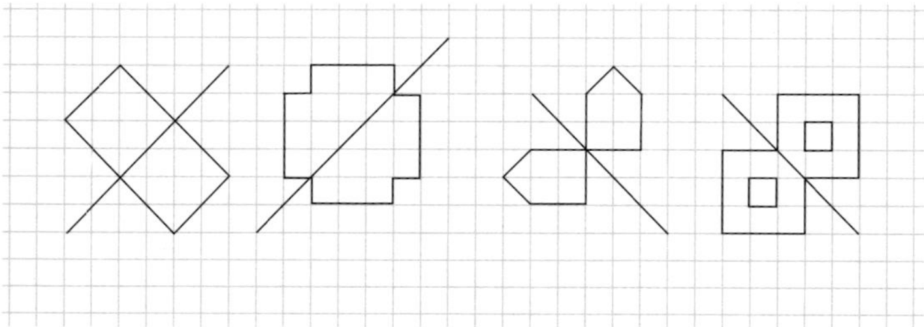

4.

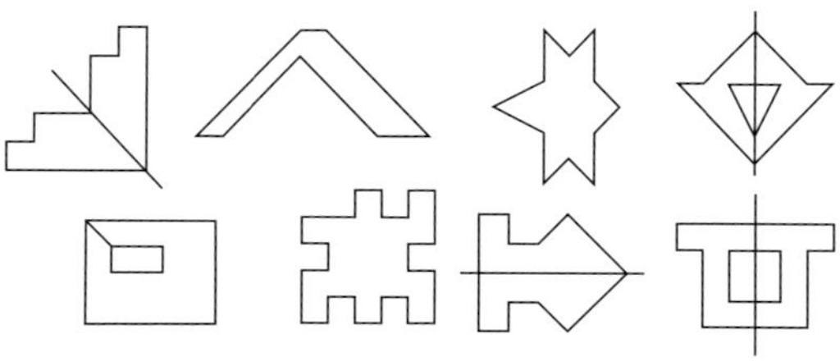

5.

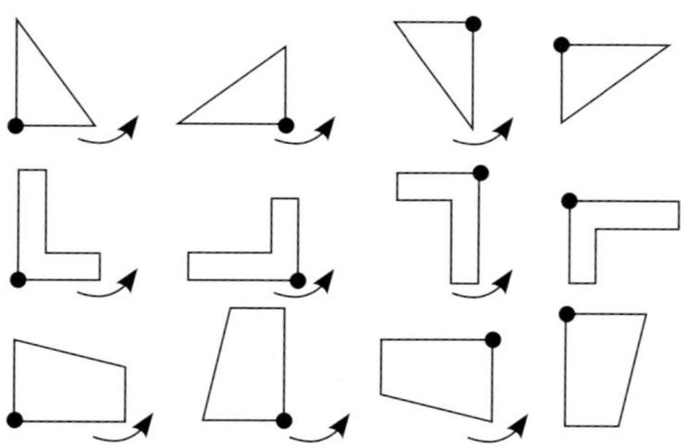

6.

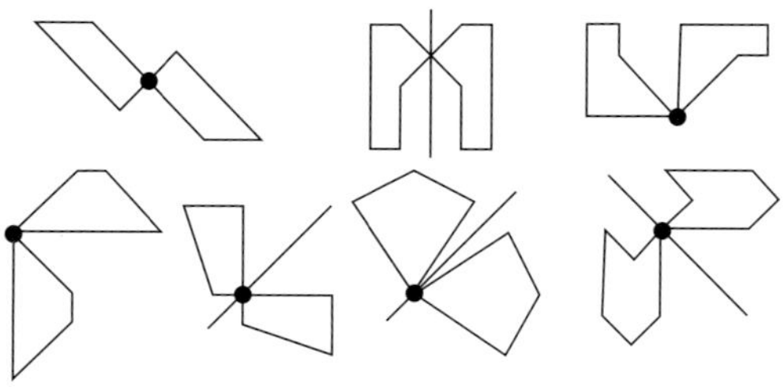

7.

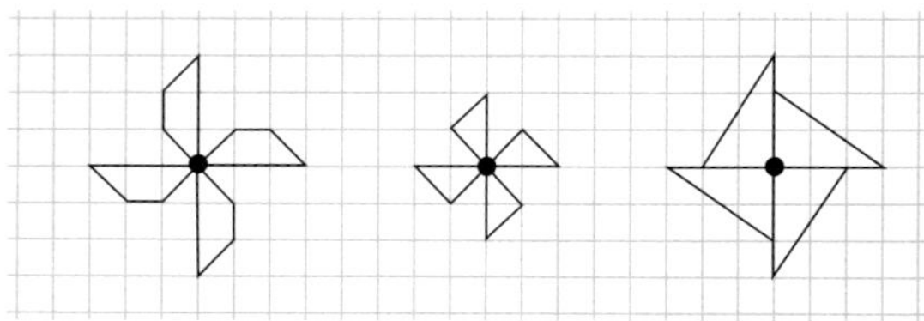

8.

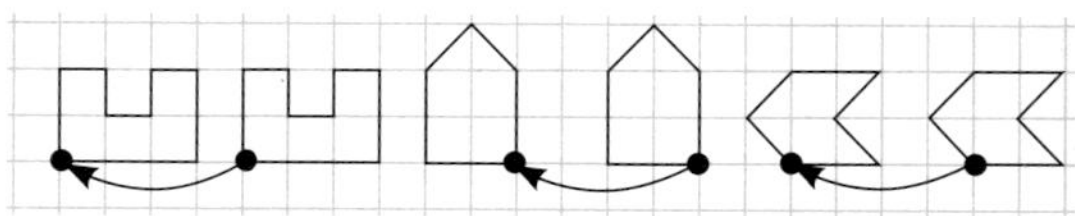

9.

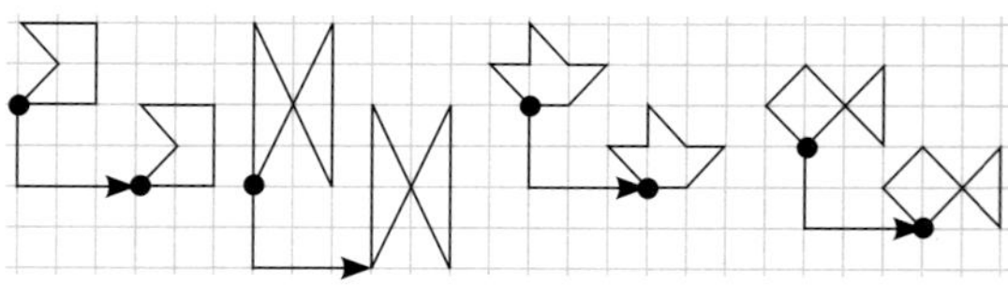

10.

A – Drehung
B – Spiegelung
C – Spiegelung
D – Drehung
E – Verschiebung

Wenn du erkannt hast, dass die Figuren, die gedreht wurden (A und D), gleichzeitig auch verschoben wurden, ist das auch richtig. Wenn du erkannt hast, dass Figur C gespiegelt und gleichzeitig auch verschoben wurde, ist das auch richtig.

Seiten 126 – 127

1.

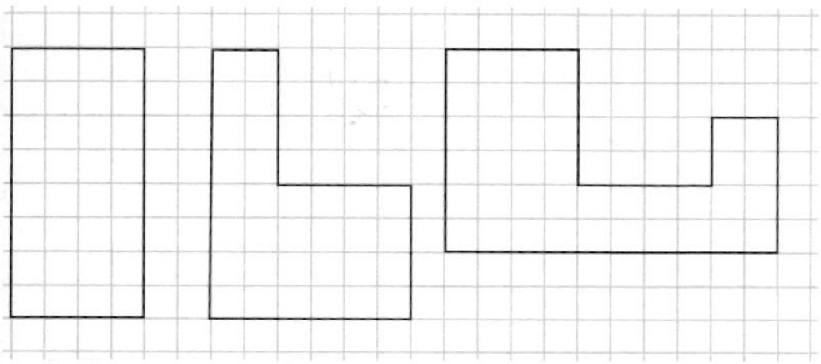

2 P. **2 P.** **2 P.**

2. Ein Quadrat ist ein Viereck, dessen Seiten alle gleich lang sind. **1 P.**
Die Winkel des Quadrates sind rechte Winkel. **1 P.**

3.

a) Rechnung: $8\ m \cdot 7\ m = 56\ m^2$
$2\ m \cdot 3\ m = 6\ m^2$

$56\ m^2 + 6\ m^2 = 62\ m^2$

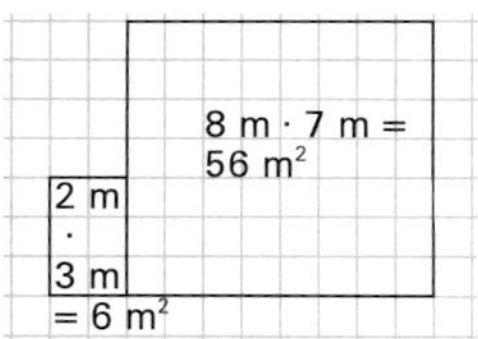

Antwort: Der Garten ist 62 m^2 groß. **2 P.**

b) So könnte der Garten aussehen.

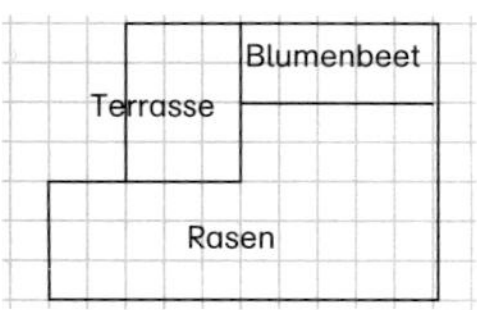

Es gibt aber viele andere Lösungen. **2 P.**

4. a)

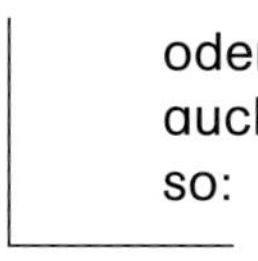

oder auch so:

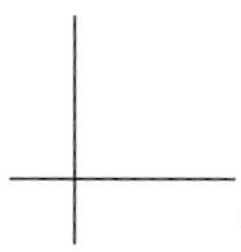

1 P.

b)

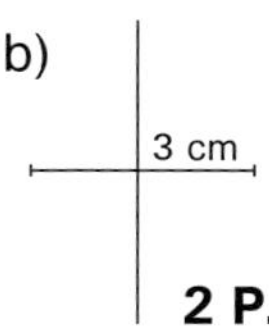

2 P.

5. Für jeden richtigen Kreis gibt es **1 P.**
In deiner Zeichnung sind die Kreise natürlich größer.

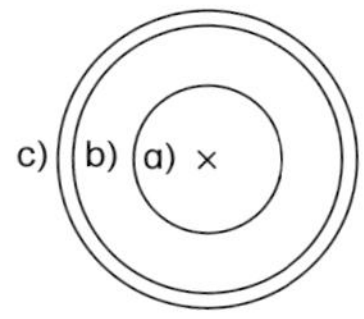

6. Für jedes richtige Spiegelbild gibt es **2 P. = 6 P.**
Ist nur eine kleine Stelle falsch, gibt es **1 P.** pro Spiegelung.

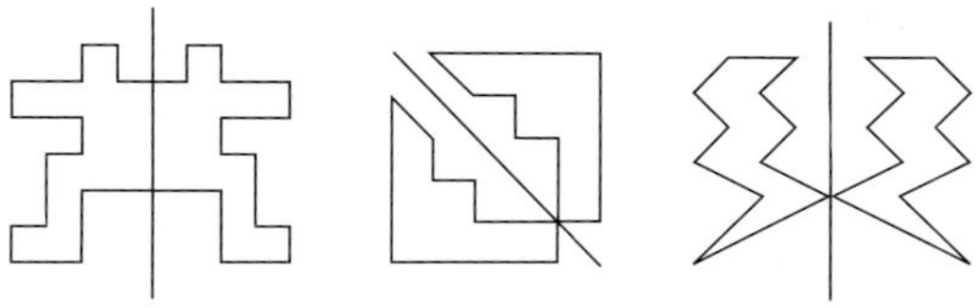

Punkte und Noten:
Lies an dieser Tabelle ab, welche Note du für deine Punktzahl bekommst, und trage sie unter den Test ein.

Punkte	Note
24–23	1
22	1,5
21–20	2
19–18	2,5
17–16	3
15–14	3,5
13–12	4
11–8	4,5
7–5	5
4–2	5,5
1–0	6

Liegen deine Noten zwischen 2,5 und 3,4, dann sollte deinem Weg in die Realschule nichts mehr entgegenstehen.

Platz für deine Notizen: